Technik im Fokus

Die Buchreihe Technik im Fokus bringt kompakte, gut verständliche Einführungen in ein aktuelles Technik-Thema.

Jedes Buch konzentriert sich auf die wesentlichen Grundlagen, die Anwendungen der Technologien anhand ausgewählter Beispiele und die absehbaren Trends.

Es bietet klare Übersichten, Daten und Fakten sowie gezielte Literaturhinweise für die weitergehende Lektüre.

Weitere Bände in der Reihe http://www.springer.com/series/8887

Helmut A. Schaeffer ·
Roland Langfeld

Werkstoff Glas

Alter Werkstoff mit großer Zukunft

2. Auflage

 Springer

Helmut A. Schaeffer
Berlin, Deutschland

Roland Langfeld
Frankfurt am Main, Deutschland

ISSN 2194-0770   ISSN 2194-0789   (electronic)
Technik im Fokus
ISBN 978-3-662-60259-1   ISBN 978-3-662-60260-7   (eBook)
https://doi.org/10.1007/978-3-662-60260-7

Die Deutsche Nationalbibliothek verzeichnet diese Publikation in der Deutschen Nationalbibliografie; detaillierte bibliografische Daten sind im Internet über http://dnb.d-nb.de abrufbar.

Fotonachweis Umschlag: Blick auf den 39 m durchmessenden Hauptspiegel des ELT (künstlerische Darstellung des Modellentwurfs). Bildrechte: ESO/L. Calçada/ACe Consortium

Springer ist ein Imprint der eingetragenen Gesellschaft Springer-Verlag GmbH, DE und ist ein Teil von Springer Nature.
Die Anschrift der Gesellschaft ist: Heidelberger Platz 3, 14197 Berlin, Germany

Kaum ein Material fasziniert uns so sehr wie der Werkstoff Glas. Seine Lichtdurchlässigkeit schätzen wir bei Verglasungen von Gebäuden, seine chemische Beständigkeit bei Flaschen und Gläsern. Und wir erfreuen uns an der Vielzahl der künstlerischen Glasobjekte aus Vergangenheit und Gegenwart, die die nahezu unendlichen Möglichkeiten der Formgebung und Bearbeitung vor Augen führen.

Dabei ist uns nicht bewusst, dass erst der Einsatz des Werkstoffs Glas die Funktion von technischen Geräten und Systemen ermöglicht: optische Gläser in Objektiven von Kameras und Endoskopen, Glaswolle für die Schall- und Wärmedämmung, dünnes Flachglas für Bildschirme, Laptops und Smartphones sowie Glasfasern für die Telekommunikation. Diese vielfältigen Anwendungen benötigen unterschiedlich zusammengesetzte Gläser und stellen somit immer neue Herausforderungen an die Forschung und technische Umsetzung.

Mit dem vorliegenden Buch zeichnen die Autore den langen Weg des Glases beginnend mit den frühen historischen Kunstobjekten bis zu den innovativen Anwendungen nach. Glaskomposition und Glaseigenschaften, die Prozessabläufe und

Energieeinsparungen beim Schmelzen von Glas, Umweltschutzmaßnahmen sowie Formgebungsverfahren sind Themen des Buches, die dem interessierten Leser die unerschöpfliche Welt des Glases erschließen.

Berlin und Frankfurt am Main   Helmut A. Schaeffer
Juli 2019   Roland Langfeld

Inhaltsverzeichnis

Was ist Glas?

1.1 Einleitung

„Glas" – ein Begriff, der uns vertraut ist, den wir im täglichen Leben gebrauchen, ohne ihn sonderlich zu hinterfragen. Wir denken vorrangig an ein Trinkgefäß oder an kunstvoll gestaltete Objekte. Gleichermaßen bezeichnet „Glas" aber auch eine Klasse von Materialien mit ähnlichen Eigenschaften. Dieses Buch ist dem **Werkstoff** „Glas" gewidmet: seiner Herstellung, seinen Eigenschaften und Anwendungen sowie den technischen Herausforderungen bei der Suche nach neuen Einsatzgebieten.

Glas ist ein Werkstoff wie etwa Keramik, Metalle oder Kunststoffe. Glas erscheint glatt, scharfkantig brechend, oft durchsichtig und glänzend. Im Vergleich zu Metall – duktil, undurchsichtig – sind Gläser spröde und meist transparent. Mit ihrer porenfreien Oberfläche unterscheidet sich eine Glasscheibe andererseits von der körnigen und porösen Struktur einer Keramik. Das deutsche Wort „Glas" ist zurückzuführen auf den germanischen Begriff „glasa" – das Glänzende, Schimmernde. Und im Vergleich zu einem Bergkristall mit seiner regelmäßigen geometrischen Struktur besitzen Gläser keine Vorzugsstruktur.

Wir befassen uns zunächst mit der mehr als 5000-jährigen Geschichte des Werkstoffs Glas von der Entdeckung der Glasherstellung über die vielfältige Nutzung des Materials für Schmuck oder Gefäße bis hin zu den modernen Spezialgläsern

© Springer-Verlag GmbH Deutschland,
ein Teil von Springer Nature 2020
H. A. Schaeffer und R. Langfeld, *Werkstoff Glas,*
Technik im Fokus, https://doi.org/10.1007/978-3-662-60260-7_1

mit ihren vielfältigen Anwendungen in nahezu allen Bereichen des täglichen Lebens. Es folgt eine ausführliche Darstellung der Einzigartigkeit des Werkstoffs Glas. Sie beruht auf seiner Struktur als eingefrorene Flüssigkeit, die zu dem besonderen viskoelastischen Verhalten des Glases führt. Und wir erfahren mehr über die ungewöhnlichen Eigenschaften einer besonderen Glasanwendung, der Glaskeramik. Den Abschluss bildet eine ausführliche Übersicht der unterschiedlichen Zusammensetzungen heutiger Glastypen.

1.2 Geschichte des Glases

Glasartige Materie findet man in der Natur in vielfältiger Form, da sie sich unter verschiedensten geologischen Bedingungen bilden kann. Die am häufigsten vorkommenden natürlichen Gläser sind *Obsidiane* (s. Abb. 1.1). Sie entstehen durch vulkanische Tätigkeit, wenn das Magma so schnell abkühlt, dass die Gesteinsschmelze keine Kristallite bilden kann und in der ungeordneten Struktur der Flüssigkeit einfriert. Obsidiane wurden bereits in der Steinzeit als Werkzeug zum Schneiden oder

Abb. 1.1 Obsidian. (Bildrechte: Deutsches Museum München)

als Stichwaffe genutzt. Das sehr harte, muschelig brechende und damit scharfe Kanten erzeugende Material eignet sich hervorragend für Messer, Speer- und Pfeilspitzen.

1.2.1 Frühe Herstellung von Glas

Die Anfänge des künstlichen Glases werden im ägyptischen Raum in der Zeit um 5000 v. Chr. vermutet (s. Abb. 1.2). Glas gehört damit nach der Keramik zu den ältesten hergestellten Werkstoffen. Es ist denkbar, dass im Zusammenhang mit dem Brennen von Keramik zufällig kalkhaltiger Quarzsand in heißem Zustand mit Asche (und damit mit Natrium- oder Kaliumcarbonat) in Berührung kam und zu Glas geschmolzen ist.

Sand, Soda und Kalk, aus denen Glas im Wesentlichen auch heute noch geschmolzen wird, finden sich bereits in der ältesten erhaltenen Glasrezeptur auf Tontafeln der Bibliothek des assyrischen Königs Assurbanipal (668–626 v. Chr.). Sie lautet übersetzt: „Nimm 60 Teile Sand, 180 Teile Asche aus Meerespflanzen und 5 Teile Kreide – und du erhältst Glas" (mit der Asche aus Meerespflanzen gewinnt man Soda, d. h. Natriumcarbonat Na_2CO_3).

1.2.2 Glas der Antike

Das älteste von Menschen hergestellte Glas wurde bei Ausgrabungen in ägyptischen Königsgräbern entdeckt. Es sind Glasperlen, die in die Zeit um 3000 v. Chr. datiert werden. Mit der damaligen Ofentechnik konnten nur kleine Glasposten erzeugt werden, neben Perlen findet sich Glas aus dieser frühen Zeit auch in Form von Glasuren auf Schmuckstücken und auf Keramikgefäßen.

Parfümfläschchen aus Glas und Reste der bei der Glasherstellung verwendeten Tiegel, die man bei Tell el Amarna (ca. 1350 v. Chr.) in Oberägypten fand, belegen, dass sich um 1500 v. Chr. die Ofentechnik in Ägypten deutlich weiterentwickelt hatte. Die Schmelzöfen konnten nun nicht nur die für

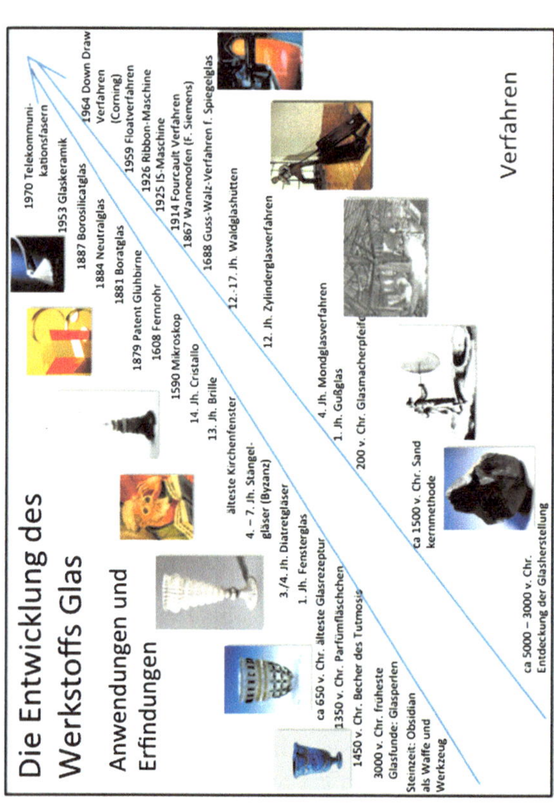

Abb. 1.2   Zeitstrahl

Perlen und kleine Figuren nötigen Mengen, sondern auch ausreichend Glas für die Produktion von Gefäßen bereitstellen.

Hohlglas in Form von Vasen und Bechern fertigte man mit der *Sandkerntechnik* (s. Abb. 1.3). Dabei wurden Glasfäden auf eine Sandform gewickelt, nach nochmaligem Erhitzen und Erstarren konnte der Sandkern herausgelöst werden. Durch die unterschiedlichen Farben der Glasfäden und die Veränderung der noch weichen Farbbänder mittels Metallzinken in der Kammzugtechnik entstanden kunstvolle Ornamente.

Die Zeit des Römischen Reiches (ca. 500 v. Chr. bis 400 n. Chr.) kann als erste Blütezeit der Glasherstellung bezeichnet werden. In Syrien wurde ca. 200 v. Chr. die Glasmacherpfeife erfunden, die bis heute in der handwerklichen Fertigung verwendet wird: Mit einem etwa 1,5 m langen Metallrohr mit isoliertem Holzgriffstück wird ein zähflüssiger Glasposten aufgenommen und zu einer Hohlform aufgeblasen. Das Blasen ermöglicht die Herstellung wesentlich dünnwandigerer Hohlformen unterschiedlichster Geometrie.

Voraussetzung hierfür ist eine Glasschmelze, die so dünnflüssig ist, dass man sie durch Blasen formen kann. Den antiken Glasmachern, deren Öfen die erforderlichen Temperaturen von über 1000 °C noch nicht erreichten, gelang dies durch einen zweistufigen Schmelzprozess. Sie stellten zuerst Rohglas in

Abb. 1.3 Glasbecher des Pharaos Thutmosis III, um 1450 v. Chr., Höhe 8,1 cm. (Bildrechte: Staatliches Museum Ägyptischer Kunst München)

Barren her, das sie für die eigentliche Verarbeitung wieder einschmolzen und dabei weniger Energie benötigten als für eine einstufige Schmelze. Diese Arbeitsteilung war nicht nur sehr effektiv und machte große Mengen an Glas verfügbar, sondern sie gewährleistete auch eine zuverlässig hohe Qualität. An Orten mit Rohstoffvorkommen entstanden Zentren zum Schmelzen des Rohglases. Von dort aus wurde es zur Weiterverarbeitung (auch über große Entfernungen) versandt. Ein Schiffswrack aus dem 3. Jahrhundert n. Chr. entdeckte man an der südfranzösischen Küste mit mehr als drei Tonnen Rohglas an Bord.

Reiche Verzierungen von Glasgefäßen durch Gravuren, Facetten oder Reliefs und vielfältigste Färbungen bis hin zum Rubinglas belegen die hohe Meisterschaft der antiken Glaskunst (s. Abb. 1.4). In römischer Zeit waren zudem bereits mit Metall beschichtete Spiegelgläser und sogar Fensterscheiben aus Glas bekannt, wie Funde in Pompeji (79 n. Chr., unter Lava begraben) zeigen.

Als Folge der Aufteilung in eine primäre Rohglasherstellung und die an anderen Orten mögliche sekundäre Glasverarbeitung

Abb. 1.4 Römisches Diatretglas, Gräberfeld bei Köln-Braunsfeld, 3./4. Jh. n. Chr., Höhe 12,1 cm. (Bildrechte: Römisch-Germanisches Museum Köln)

verbreitete sich die Glasmacherkunst schnell im ganzen Mittelmeerraum, und mit der Ausdehnung des Römischen Reiches wurden Glashütten in den nördlichen Provinzen, u. a. in Gallien, in Köln und Trier errichtet. Der Untergang des Imperiums jedoch brachte die reiche antike Glaskunst im westlichen Teil des Reiches zum Stillstand. Die Glasherstellung verlagerte sich in das neu entstandene byzantinische Oströmische Reich, die Traditionen lebten dort weiter. Charakteristisch für diese Periode von 400–700 n. Chr. sind gläserne Prunkkannen und Stängelgläser zur Verwendung als Trinkgefäße.

1.2.3 Venedig und die europäische Glaskunst

Über Handelsbeziehungen mit Byzanz kam die Kunst des Glasmachens nach Venedig und damit zurück nach Europa. In Venedig entstand ein neues Zentrum der Glasherstellung und entwickelte sich ab dem 14./15. Jahrhundert zu großer Blüte (s. Abb. 1.5). Den venezianischen Glasmachern gelang es, farbloses *Kristallglas* („cristallo") als Substitutionswerkstoff für den

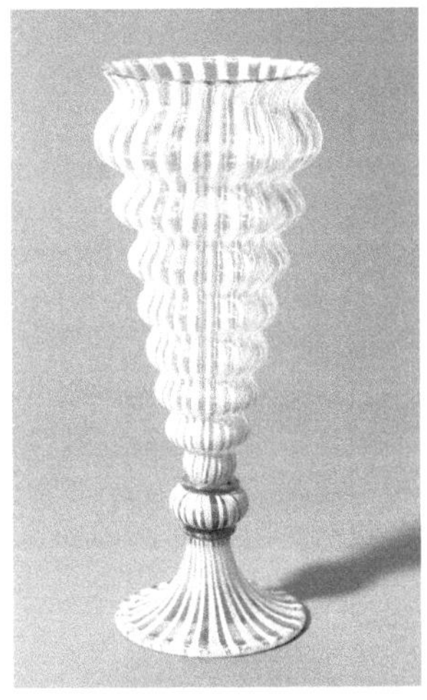

Abb. 1.5 Pokal Facon de Venise, 2. Hälfte 16. Jh., Höhe 24,2 cm. (Bildrechte: Historischer Verein Neuburg a. d. Donau, Schlossmuseum Neuburg, Foto: Hajü Staudt)

teuren Bergkristall zu schmelzen, indem sie das in der Regel grünstichige Glas durch Zusatz von Braunstein (Manganoxid MnO_2) entfärbten. Cristallo-Glas wurde in der Renaissance zur Haupteinnahmequelle der Stadt, und die Kunst seiner Herstellung war lange Zeit ein gut gehütetes Geheimnis. Um es zu schützen, wurde die Glasproduktion auf die Insel Murano verlagert. Offiziell mit dem Brandschutz begründet, sollten die Glasmacher mit ihren Familien an die Insel gebunden und damit eine Weitergabe ihres Wissens und Könnens verhindert werden.

Die Ofentechnik erforderte in dieser Zeit noch immer das Erschmelzen der Glasfritte zu Rohglas, um dann die eigentliche Glasverarbeitung mit den erreichbaren Temperaturen zu ermöglichen. Anders als in der Antike, wo sich die beiden Stufen des Herstellungsprozesses auf verschiedene Produktionsstätten verteilten, war Venedig ein Glaszentrum, in dem sowohl das Schmelzen des Rohglases als auch die Weiterverarbeitung erfolgte.

Auch in den Waldglashütten im deutschsprachigen Raum, an deren Gründung oft aus Murano entflohene Glasmacher beteiligt waren, wurde nach dieser Technologie produziert – es sind bis ins 18. Jahrhundert Wanderglashütten, die sich am Ort reicher Holzvorkommen ansiedelten. Sie benötigten Holz nicht nur zum Beheizen der Schmelzöfen, sondern in weit größeren Mengen zur Gewinnung des Soda-Ersatzes Pottasche (Kaliumcarbonat K_2CO_3), und zogen weiter, wenn sie die natürlichen Vorräte verbraucht hatten. Die Glasartikel dieser Hütten weisen, bedingt durch Verunreinigungen in den Rohstoffen, einen deutlich grünen Farbstich auf, die Waldglasfärbung (s. Abb. 1.6).

Eine bedeutsame Erfindung der Barockzeit ist das Guss-Walz-Verfahren zur Herstellung von Spiegelglas (s. Abb. 1.7). Louis Lucas de Nehou (1641–1728) entwickelte es 1688 in der Glashütte von Saint-Gobain, die der französische „Sonnenkönig" Ludwig XIV. gegründet hatte, um mit seiner Vorliebe für luxuriöse glanzvolle Spiegelsäle nicht von Venedig abhängig zu sein, das bis dahin allein gute Spiegel liefern konnte.

Abb. 1.6 Waldgläser. (Bildrechte: Deutsches Museum München)

1.2.4 Erste technische Anwendungen von Glas

Seit der Erfindung des Glases konzentrierte sich die Nutzung des wertvollen Werkstoffs bis in das 13. Jahrhundert hinein auf Luxusgüter und künstlerische Gestaltungen; man verwendete Glas für die Herstellung von edlen Bechern, kunstvollen Vasen und Behältnissen für kostbare Flüssigkeiten oder auch für die farbigen Fenster von Kirchen.

Doch schon im Mittelalter wurde mit den ersten Brillen zur Korrektur von Fehlsichtigkeiten, die zunächst aus geschliffenen Edelsteinen bestanden und in Italien seit Mitte des 13. Jahrhunderts aus Glas gefertigt wurden, ein erstes technisches Anwendungsfeld für Glas erschlossen. Linsen aus Glas, das sich besser zum Schleifen eignet als kristalline Mineralien, sind dann auch die entscheidenden Bestandteile des 1590 von Zacharias Janssen (ca. 1588–1631) und seinem Sohn konstruierten Mikroskops sowie des 1608 von Hans Lipperhey (1570–1619) erfundenen Fernrohres. Zur Verbesserung der Qualität dieser optischen Instrumente wurde im 18. Jahrhundert das bleihaltige Flintglas entwickelt, das zusammen mit dem bereits bekannten Kronglas die Farbfehler von Linsensystemen abschwächte.

Joseph von Fraunhofer (1787–1826) begann Anfang des 19. Jahrhunderts mit der systematischen Entwicklung neuer

Abb. 1.7　Spiegelglasherstellung

optischer Glassorten und deren Anwendung in Linsensystemen für Fernrohre mit vermindertem Farbfehler (Fraunhofer **Achromate**). Der entscheidende Durchbruch gelang schließlich Otto Schott (1851–1935) mit seinen Forschungen, die 1881 mit der Entwicklung eines neuen Glastyps (Boratglas) die vollkommene Achromasie (Freiheit von Farbfehlern) bei Fernrohrobjektiven ermöglichten.

Das späte 19. Jahrhundert brachte in schneller Folge weitere Fortschritte in der technischen Anwendung von Glas. 1887 entwickelte *Otto Schott* chemisch resistente und temperaturbeständige Borosilicatgläser, die endlich zuverlässige Messungen mit dem bereits 1654 von Ferdinando II. de Medici (1610–1670) erfundenen, wegen der **Nullpunktdepression** jedoch ungenauen Flüssigkeitsthermometern erlaubten. Die überzeugenden Qualitäten der von Otto Schott in Zusammenarbeit mit Ernst Abbe und Carl Zeiss entwickelten speziellen Glaszusammensetzungen begründeten den Ruf des 1884 gegründeten Unternehmens Jenaer Glaswerke Schott & Genossen (s. Abb. 1.8). Im Haushalt gehört der Gebrauch von Borosilicatglas, das oft noch *„Jenaer Glas"* genannt wird, zum

Abb. 1.8 Farbfilterglas. (Bildrechte: SCHOTT AG)

Alltag. Auch die optischen Gläser für Linsensysteme in Mikroskopen, Ferngläsern und Kameras sind zur Selbstverständlichkeit geworden.

1.2.5 Automatisierungen der Herstellung

Thomas Alva Edison (1847–1931) hatte bei der Entwicklung der elektrischen *Glühlampe* von vornherein einen breiten Kreis von Abnehmern im Sinn. 1880 schloss er mit der Glashütte von Corning, New York (USA), einen Vertrag zur Produktion der Kolben für seine 1879 patentierte Glühlampe. Der Siegeszug des elektrischen Lichts bescherte dem Werkstoff Glas die erste Massenproduktion seiner Geschichte; für die Glashütte von Corning war dies der Beginn des erfolgreichen Aufstiegs zu einem einzigartigen Spezialglasunternehmen. 1926 entwickelten die Corning Glass Works die Ribbon-Maschine, die Tagesproduktionen von mehr als 1 Mio. Stück Glaskolben ermöglichte.

Die Automatisierung und damit die zunehmend kostengünstige Herstellung von Glas für den Alltagsgebrauch fußt auf zwei Errungenschaften des 19. Jahrhunderts: einerseits auf der Erfindung der künstlichen Soda im Jahre 1865 durch den Chemiker Ernest Solvay (1838–1922), die nicht nur die umständliche und energieaufwendige Gewinnung der Pottasche ersparte, sondern auch eine ortsunabhängige und gleichbleibende Qualität des wichtigen Glasrohstoffes garantierte; andererseits auf der Entwicklung eines Wannenofens durch die Brüder Friedrich und Hans Siemens (1826–1904) in den 1860er Jahren, der Glas in einem kontinuierlichen Schmelzprozess bereitstellte.

Damit waren die Voraussetzungen für die ungeheure Produktivität der Ribbon-Maschine wie auch für die anderen Automatisierungsverfahren des 20. Jahrhunderts geschaffen. Es konnten nun große Mengen von Flachglas für Architektur, Fenster und Kfz-Scheiben, aber auch Flaschen, Konservengläser und gläsernes Tischgeschirr für den täglichen Gebrauch produziert werden.

1902 erfand Emile Fourcault (1862–1919) das Fourcault-Verfahren, bei dem ein Glasband über eine auf der Oberfläche des Glasbades liegende keramische Schlitzdüse kontinuierlich nach oben abgezogen wird. Es ermöglichte erstmals die kostengünstige Herstellung von Fensterglas, und der Umweg der Einzelfertigung von Glasscheiben über geblasene Zylinderformen wurde überflüssig.

Bei dem dann 1952 von *Alastair Pilkington* (1920–1995) patentierten Float-Verfahren zur Produktion von Flachglas wird Glas aus der Schmelzwanne auf ein Zinnbad zur Formgebung gegossen. Dadurch erhält das Glas eine exzellente Planität und Oberflächengüte (beidseitige Feuerpolitur). Das Float-Verfahren hat im Bereich des Fensterglases seit den 1960er-Jahren alle anderen Verfahren weitgehend verdrängt. Nur bei der Herstellung von extrem dünnem Flachglas, das mit Dicken von weniger als 1 mm Verwendung als Displayglas von Bildschirmen findet, wird es von dem 1964 von S.M. Dockerty patentierten Corning Down-Draw-Verfahren übertroffen.

Die herausragenden Erfindungen zur kostengünstigen Fabrikation von Hohlglas waren die 1903 von *Michael J. Owens* (1859–1923) entwickelte erste vollautomatische Flaschenglasmaschine und die ab 1925 eingesetzten IS-Maschinen (Individual Section), die heute bis zu 600 Flaschen pro Minute produzieren.

1.2.6 Glas-Innovationen

Die Forschungen der modernen Glaswissenschaft konzentrieren sich in Fortführung der Entwicklungen von Otto Schott auf neuartige Glaszusammensetzungen. Herausragende Beispiele haben längst Eingang in unser Leben gefunden – dabei ist uns oft nicht bewusst, dass es sich um Anwendungen des Werkstoffs Glas handelt. Im Jahre 1953 wurden in den Corning Glass Works die ersten temperaturstabilen Glaskeramiken durch *Stanley Donald Stookey* entwickelt. 1968 brachte die Schott AG die Glaskeramik

Abb. 1.9 Glasfaserbündel für Beleuchtungsanwendungen. (Bildrechte: SCHOTT AG)

Zerodur® als Material mit – der Alltagserfahrung widersprevchend – thermischer **Nullausdehnung** auf den Markt. Das Jahr 1970 wurde zur Geburtsstunde der Glasfaser (s. Abb. 1.9) für die optische Nachrichtenübertragung, als im Glaswerk von Corning Inc. mit hochreinem Quarzglas erstmals die Dämpfung (Lichtabsorption) unter 20 **dB**/km gesenkt werden konnte, was einer Transmission von 1 % auf 1 km Faserstrecke entspricht. Heute basiert unser Internet auf Glasfasern mit einer Lichtabsorption von weniger als 0,2 dB/km, einer 95 % igen Transmission bei 1 km Faserlänge.

Die Bedeutung des Werkstoffes Glas für unser Leben hat sich im Verlauf vor allem der letzten zwei Jahrhunderte grundlegend gewandelt. Gegenstände aus Glas sind heute keine Luxusgüter mehr, sondern in den meisten Fällen kostengünstige Gebrauchsartikel. Gebäude werden dank großer Fenster, ja ganzer Glaswände, von Licht durchstrahlt (s. Abb. 1.10). Gleichzeitig aber ist Glas ein zentraler Werkstoff für Anwendungen in Wissenschaft und Technik und somit für alle Lebensbereiche unverzichtbar.

Abb. 1.10 Moderne Glasarchitektur. (Bildrechte: SCHOTT AG)

▶ Otto Schott – „Der Mann, der dem Glas ins Herz schaute"

Otto Schott wurde 1851 in Witten geboren. Er studierte Chemie und wurde 1875 an der Universität Jena mit der Arbeit zu „Theorie und Praxis der Glasfabrikation" zum Dr. phil. promoviert.

Nach dem Studium unternimmt er zahlreiche Reisen ins Ausland, u. a. nach Spanien, England und Frankreich, um den Stand der chemischen Technologie kennenzulernen.

Doch Glas bleibt seine Leidenschaft. Er richtet sich in seinem Elternhaus ein Schmelzlabor ein und untersucht systematisch das Verhalten von Glasschmelzen unterschiedlicher Zusammensetzung. 1879 wendet er sich an den Physiker Ernst Abbe (1840–1905) in Jena mit den Worten „Vor kurzem stellte ich ein Glas her … Ich vermute, dass bezeichnetes Glas nach irgendeiner Richtung hervorragende optische Eigenschaften aufweisen wird und wollte mir hierdurch erlauben, bei Ihnen anzufragen, ob Sie bereit sind dasselbe zu prüfen".

Ernst Abbe und Carl Zeiss (1816–1888) verband eine langjährige wissenschaftliche Zusammenarbeit. Zeiss hatte 1846 seine Werkstatt für Feinmechanik und Optik in Jena gegründet und fertigte u. a. optische Instrumente wie Mikroskope für wissenschaftliche Zwecke. Mithilfe der Arbeiten Abbes sollten die wissenschaftlichen Grundlagen für die notwendigen Verbesserungen der Instrumente erarbeitet werden. Bereits 1873 hatte Abbe die theoretische Auflösungsgrenze optischer Instrumente beschrieben, allein die seinerzeit verfügbaren Glassorten waren nicht geeignet, um diese hohen Auflösungen auch in der Praxis zu erzielen.

Die Glasproben von Otto Schott erwiesen sich als so vielversprechend, dass sich eine rege Zusammenarbeit ergab. 1881 gelang der Durchbruch. Mit der Entwicklung der Boratgläser konnte ein dringendes

Problem der optischen Instrumente technisch gelöst werden: die Beseitigung der störenden Farbsäume (Achromasie) bei Fernrohren und Mikroskopen.

1882 zog Otto Schott nach Jena, und zusammen mit Zeiss und Abbe gründete er das „Glastechnische Laboratorium Schott & Genossen", die späteren Schott Glaswerke. Diese Kooperation ist ein frühes musterhaftes Beispiel interdisziplinärer Forschung und Entwicklung.

In den folgenden Jahren wurde in Jena eine Vielzahl optischer Gläser gefertigt, die die Spitzenstellung der optischen Instrumente der Firma Zeiss begründeten. Weitere Erfindungen wie die des „Jenaer Normalglases" für präzisere Thermometer (1884) und des temperaturbeständigen Borosilicatglases (1887) folgten.

Als Otto Schott im Jahre 1935 stirbt, hinterlässt er mit den Jenaer Glaswerken ein Unternehmen mit 1800 Mitarbeitern. Er hat die Glasentwicklung auf eine wissenschaftliche Basis gestellt und gilt als der Begründer der modernen Glasforschung. Voller Hochachtung wird er als der „zweite Erfinder des Glases" bezeichnet, der „dem Glas ins Herz geschaut hat".

Bereits 1919 hatte Otto Schott verfügt, dass seine Unternehmensanteile an die 1889 gegründete Carl Zeiss Stiftung übergehen. Aus seinem Lebenswerk entwickelte sich die heutige SCHOTT AG mit Sitz in Mainz.

1.3   Glasstruktur – Ist Glas eine Flüssigkeit?

Es ist unmittelbar ersichtlich, dass Glasschmelzen als zähe (viskose) Flüssigkeiten anzusehen sind. Nicht unmittelbar nachvollziehbar ist die Aussage, dass es sich bei auf Zimmertemperatur abgekühlten Glasprodukten um feste Flüssigkeiten handelt.

Während beispielsweise Wasser beim Abkühlen auf 0 °C zu Eis kristallisiert und dabei seine ungeordnete Flüssigkeitsstruktur zugunsten einer regelmäßigen Anordnung der Wassermoleküle im Eiskristall verliert, zeichnet sich der Glaszustand dadurch aus, dass ein Auskristallisieren während des gesamten Abkühlvorganges unterbleibt. Somit entspricht der feste Zustand des Glases dem einer „eingefrorenen" Flüssigkeit.

Die erste wissenschaftliche, thermodynamisch begründete Erklärung des Glaszustandes geht auf Gustav Tammann (1861–1938) im Jahre 1933 zurück. Die Thermodynamik befasst sich mit den Energieinhalten der verschiedenen Aggregatzustände (fest, flüssig und gasförmig). Der feste kristalline Zustand ist der energetisch niedrigste und somit der stabilste. Jedes aus Materie bestehende System ist daher bestrebt, dieses niedrigste Energieniveau einzunehmen. Was hindert Glas daran, diesen energetisch stabilen Zustand zu erreichen?

Bei thermodynamischen Betrachtungen wird die Einflussgröße „Zeit" nicht berücksichtigt, es erfolgt deshalb auch keine Voraussage über den Zeitraum bis zum Erreichen des energetisch stabilsten Zustands. Folglich wird nichts über die Kinetik, also über die Geschwindigkeit der Bewegungsabläufe von Atomen und Molekülen ausgesagt.

Der Glaszustand ist Ausdruck dieses Dilemmas. Glas möchte den energetisch stabilsten Zustand einnehmen. Er ist jedoch nicht erreichbar, da beim Abkühlen die Zähigkeit der Glasschmelze extrem stark ansteigt und damit eine Umlagerung der Moleküle zu Kristallen unmöglich wird. Man kann auch sagen: Die Kinetik „bremst" die Thermodynamik aus. Glas ist folglich im thermodynamischen Sinne als „eingefrorene", unterkühlte Flüssigkeit anzusehen und befindet sich gegenüber dem kristallinen Zustand nicht im thermodynamischen Gleichgewicht. Daraus kann abgeleitet werden, dass der Glaszustand nicht stabil ist, da er nur temporär – für praktische Anwendungen aber ausreichend lange – davon abgehalten wird, in den kristallinen Zustand überzugehen.

Aus Abb. 1.11 ist abzulesen, dass das Volumen der Glasschmelze beim Abkühlen (in der Abbildung von rechts nach links) nicht sprunghaft abnimmt wie bei der Umwandlung in

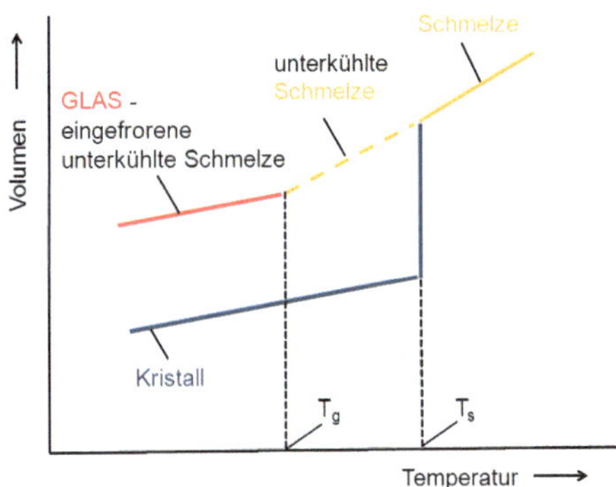

Abb. 1.11   Glasvolumen als Funktion der Temperatur

einen Kristall bei der Schmelztemperatur T_s, sondern allmählich. Bei einer bestimmten Temperatur ändert sich die Steigung der Kurve, sie verläuft dann nahezu parallel zur Eigenschaftskurve des Kristalls.

Diese Temperatur des Abbiegens wird als Glastemperatur (T_g auch Einfrier- oder *Transformationstemperatur*) bezeichnet. Unterhalb T_g gilt Glas als fest und verhält sich wie ein spröd-elastischer Festkörper; die dazu gehörige **Viskosität** weist einen Wert von 10^{13} dPa · s (Dezi-Pascal mal Sekunde) auf. Für ein Kalknatron-Silicatglas (Fensterglas, Flaschenglas) beträgt T_g ungefähr 540 °C. Reines SiO_2-Glas (Quarzglas) besitzt dagegen einen T_g-Wert von ca. 1150 °C.

Da der Einfriervorgang zeitabhängig ist, besteht eine Abhängigkeit der Transformationstemperatur von der Abkühl-geschwindigkeit (s. Abb. 1.12, Kurven 1–3). Erreicht diese große Werte wie u. a. bei der Herstellung von Glasfasern, erfolgt das Abbiegen von der Gleichgewichtskurve (Unterkühlungskurve) bei einer wesentlich höheren Temperatur (s. Abb. 1.12, Kurve 1) als bei extrem langsamer Abkühlung, beispielsweise beim Küh-len optischer Gläser (s. Abb. 1.12, Kurve 3).

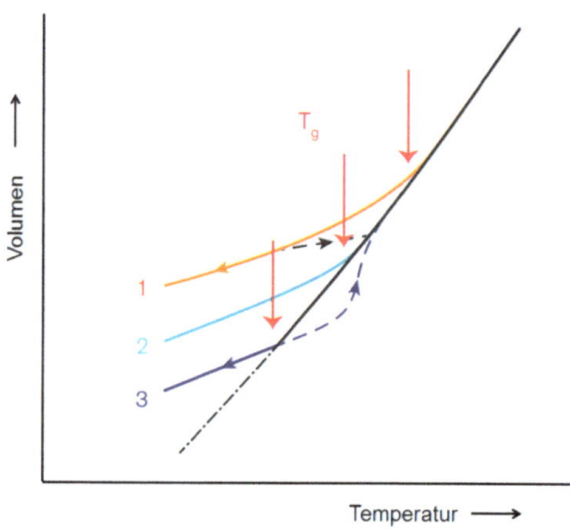

Abb. 1.12 Volumenänderungen als Funktion unterschiedlicher Abkühl- und Aufheizgeschwindigkeiten. *1* schnelle Abkühlung und langsame Aufheizung, *2* gleiche Abkühl- und Aufheizgeschwindigkeit, *3* langsame Abkühlung und schnelle Aufheizung

Daher ist die Bestimmung von T_g in einer speziellen Messvorschrift mit Angabe der Abkühl- und Aufheizgeschwindigkeit festgelegt.

Die Struktur, die bei hoher Abkühlgeschwindigkeit, also bei höheren Temperaturen, eingefroren wird, besitzt eine „offenere" Anordnung (ein größeres Volumen) als die bei niedrigeren Temperaturen eingefrorene. Durch langsames Aufheizen schnell abgekühlter Gläser kann dieser Volumeneffekt veranschaulicht werden (s. Abb. 1.12, Kurve 1). Die Aufheizkurve stimmt nicht mit der Abkühlkurve überein, sondern flacht vor Erreichen der ursprünglichen Einfriertemperatur ab (es können sogar negative Ausdehnungskoeffizienten auftreten; die Steigung der Volumen-Temperatur-Kurve entspricht der thermischen Ausdehnung) und mündet bei einer niedrigeren Einfriertemperatur in die Gleichgewichtskurve. Die offenere Struktur des schnell abgekühlten Glases kann sich also beim langsamen Aufheizen umordnen und verdichten.

Somit gilt generell, dass Glaseigenschaften wie die Dichte und die Brechzahl von der thermischen Vorgeschichte abhängen.

1.3.1 Strukturelle Beschreibung des Glaszustandes

Viele Materialien – sogar Metalle (sog. metallische Gläser, s. Abschn. 4.5) – lassen sich bei entsprechend hoher Abkühlgeschwindigkeit (10^6 bis 10^8 °C/s) in den glasigen Zustand überführen. Auch aus der Gasphase können Substanzen in glasiger Form abgeschieden werden.

Einige Materialien sind besonders geeignet, schon bei geringen Abkühlgeschwindigkeiten von einigen Grad Celsius pro Minute glasig zu erstarren. Dazu zählen insbesondere oxidische Systeme auf der Basis von SiO_2, B_2O_3 und P_2O_5 (sog. Glasbildner), also Silicate, Borate und Phosphate.

Diese Systeme bestehen in ihrer kristallinen Struktur aus periodisch angeordneten Ring- oder Kettenstrukturen von identischen Molekül-Baueinheiten. Bei der Abkühlung können sich komplexe Kristallstrukturen häufig nicht aus der Schmelze bilden, da die Zeit nicht ausreicht, um die Umlagerung der Moleküle zu ermöglichen. Die Kristallisation wird dann unterdrückt, die Struktur der eingefrorenen Flüssigkeit (Schmelze) bleibt erhalten.

1.3.1.1 Nah- und Fernordnung

Die **Röntgenstrukturanalyse** von Gläsern liefert nur wenige strukturelle Daten. Eine zum Verständnis der Struktur wesentliche Aussage ist, dass beispielsweise bei Silicatgläsern die Koordination um das Siliciumatom dieselbe ist wie bei kristallinen Silicaten, nämlich tetraedrisch in Form von SiO_4-Einheiten. Es existiert also dieselbe *Nahordnung* wie im Kristall, aber keine für die kristalline Struktur typische *Fernordnung*.

Die Existenz einer Nahordnung ist charakteristisch für oxidische Gläser, sie gehören daher nicht zu den **amorphen**

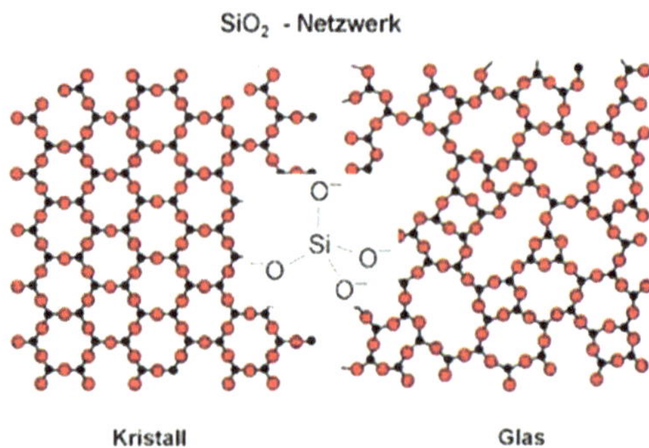

Abb. 1.13 Schematische zweidimensionale Darstellung von Quarz und Quarzglas. *schwarz* Silicium, *rot* Sauerstoff

Substanzen, die durch eine völlige Abwesenheit von Ordnungsstrukturen gekennzeichnet sind. Die Charakterisierung nicht-kristalliner (amorpher, glasiger) oder teil-kristalliner Strukturen (Quasi-Kristalle) ist nach wie vor eine der großen Herausforderungen der Festkörperphysik.

Am Beispiel des Siliciumdioxids ist in Abb. 1.13 der Unterschied zwischen einem SiO_2-Kristall (Quarz) und einem SiO_2-Glas (Quarzglas) schematisch aufgezeigt. Eine Baueinheit besteht aus einem SiO_4-Tetraeder, die Tetraeder bilden im Quarz regelmäßige dreidimensionale 6er-Ringe, während sich im Quarzglas diese regelmäßige Anordnung nicht ausbilden kann.

Die Schwierigkeit, Ordnungsstrukturen in Gläsern experimentell zu erfassen, hat dazu geführt, dass sich unterschiedliche Vorstellungen zur Struktur des Glases entwickelten. Historisch am interessantesten sind die Kristallit- und die *Netzwerk-Hypothese*.

1.3.1.2 Kristallit-Hypothese

Die *Kristallit-Hypothese* (1921) geht auf den russischen Wissenschaftler *A. A. Lebedev* (1893–1969) zurück und besagt, dass Gläser aus einer Anhäufung von kleinen, geordneten Bereichen

(Mikrokristalliten) bestehen. Dabei soll die Ordnung eines Mikrokristalls im Zentrum am größten sein, nach außen hin aber abnehmen. Die Kristallite sind somit durch eine amorphe Zwischenschicht verbunden. Als Kristallit-Durchmesser werden ca. 1,5 nm angenommen. Diese Abmessung entspricht nur wenigen SiO_4-Einheiten, und es ist deshalb fragwürdig, ob noch von einem Kristallgitter gesprochen werden kann.

Zumindest steht die Kristallit-Hypothese nicht im Widerspruch zur Röntgenstrukturanalyse, denn eine derart feinkristalline Struktur würde **röntgenamorph** erscheinen.

1.3.1.3 Netzwerk-Hypothese

Das im Jahre 1932 von *W. H. Zachariasen* (1906–1979) entwickelte Modell beruht auf der Vorstellung, dass sich beispielsweise bei einem SiO_2-Glas die SiO_4-Tetraeder zu einem dreidimensionalen, statistisch ungeordneten Netzwerk verknüpfen.

Der wesentliche Unterschied zwischen einem kristallinen und einem glasigen Netzwerk liegt in der Symmetrie und der Periodizität, die beim ersteren vorhanden sind, beim zweiten aber fehlen. Ansonsten wird angenommen, dass die chemischen Bindungskräfte im Glas sich nicht wesentlich von denen im entsprechenden Kristall unterscheiden.

Von Zachariasen sind empirische Regeln für die Glasbildung von Oxidsystemen aufgestellt worden. Sie besagen, dass die Koordinationszahl des **Kations** (A) 3 oder 4 beträgt, dass das Sauerstoff-Ion nicht an mehr als zwei Kationen gebunden sein darf und dass die Verknüpfung der Sauerstoffpolyeder über gemeinsame Ecken (sog. Brückensauerstoffe) erfolgt. Diese Bedingungen werden von den Oxiden vom Typ AO_2, A_2O_3 und A_2O_5 erfüllt, damit sind die klassischen Glasbildner (Netzwerkbildner) SiO_2, B_2O_3 und P_2O_5 erfasst.

Der Einbau von Metalloxiden (sog. Netzwerkwandler wie Li_2O, Na_2O, K_2O, CaO, MgO etc.) in die Netzwerkbildner-Strukturen setzt den Vernetzungsgrad herab. Dadurch werden im Netzwerk größere Hohlräume gebildet, in die sich die

Abb. 1.14 Schematische Darstellung der SiO$_2$-Netzwerkspaltung durch Netzwerkwandler-Kationen in einem Kalknatron-Silicatglas

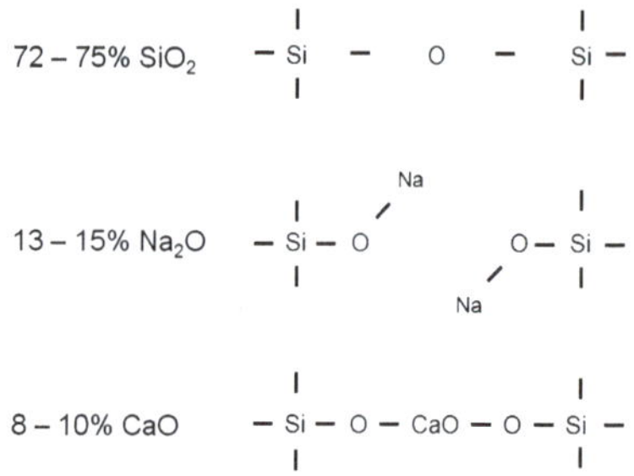

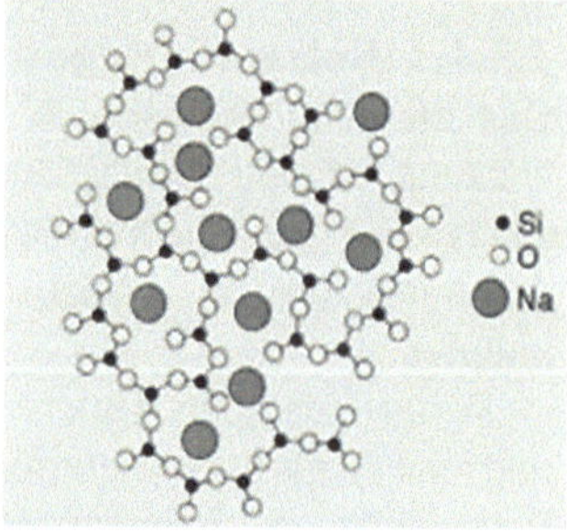

Abb. 1.15 Struktur eines Natrium-Silicatglases, schematische Darstellung, (zweidimensional)

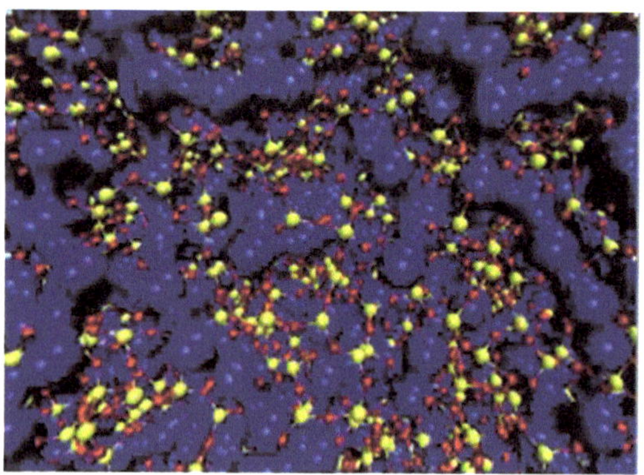

Abb. 1.16 Struktur eines Natrium-Silicatglases, atomistische Modellierung nach J. Horbach. *Gelb* Silicium, *rot* Sauerstoff, *blau* Natrium, dreidimensional. (Bildrechte: Jürgen Horbach, Bonn)

Netzwerkwandler-Kationen einlagern. Die mitgeführten Sauerstoff-Ionen (sog. Trennstellensauerstoffe) nehmen die freien Ecken der getrennten Polyeder ein (s. Abb. 1.14).

Die geringere Vernetzung führt zu einer Verminderung der Schmelztemperatur und der Viskosität. Nur dadurch wird die Herstellung von Silicatgläsern bei Temperaturen von 1300 bis 1400 °C ermöglicht (s. Abb. 1.15 und 1.16); denn SiO_2 (Quarzsand) schmilzt erst bei über 2000 °C. Alkalioxide werden daher auch als Flussmittel bezeichnet.

1.3.1.4 Reale Glasstrukturen

Die modernen und vielfältigen experimentellen Möglichkeiten, auch nicht-kristalline Strukturen zu untersuchen, zeigen auf, dass Gläser weder so statistisch regellos aufgebaut sind wie es die Netzwerk-Hypothese postuliert, noch eine in kleinen Bereichen derart hohe Ordnung aufweisen wie es die Kristallit-Hypothese annimmt. Reale Glasstrukturen enthalten meist Merkmale beider Hypothesen, wobei die Netzwerk-Vorstellung weitgehend zutrifft. Häufig liegen jedoch Ordnungszustände vor, die über die Nahordnung hinausgehen.

Abhängig von der chemischen Zusammensetzung können in Gläsern **Entmischungen** auftreten. Diese Phänomene sind auf die Bildung einheitlicher Baugruppen im Sinne stabiler chemischer Verbindungen zurückzuführen, sie äußern sich als tröpfchenförmige Mikroheterogenitäten in einer Hauptglasphase oder als eine gegenseitige Durchdringungsstruktur zweier unterschiedlich zusammengesetzter Gläser.

Auf einer *Flüssig-Flüssig-Entmischung* basiert die Herstellung des Vycor®-Glases. Das Ausgangssystem für dieses Glas ist ein Natrium-Borosilicatglas, das sich durch geeignete Wärmebehandlung in eine SiO_2-reiche und in eine Natriumborat-Phase entmischt. Da sich beide Phasen durchdringen, lässt sich die säurelösliche Borat-Phase entfernen, während eine säureunlösliche, mikroporöse, aus 96 % SiO_2 bestehende Restphase erhalten bleibt (s. Abb. 1.17).

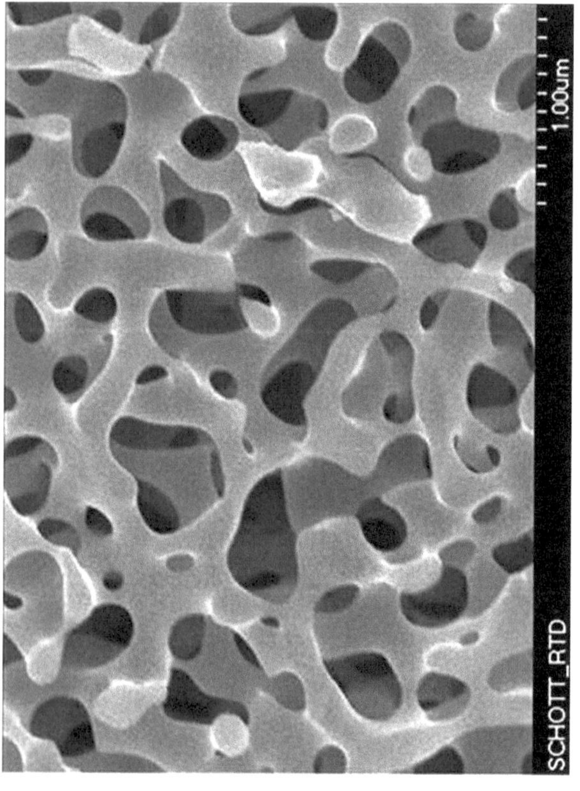

Abb. 1.17 Entmischungsstruktur eines Natrium-Borosilicatglases, CoralPor™. (Bildrechte: SCHOTT AG)

1.4　Visko-elastisches Verhalten von Glas

Makroskopisch verhält sich die Glasschmelze oberhalb T_g wie eine Flüssigkeit – in ihrer Zähigkeit vergleichbar mit Honig, charakterisiert durch die stark temperaturabhängige *Viskosität* η, bei Temperaturen unterhalb T_g jedoch wie ein spröd-elastischer Festkörper (Hookescher Körper), charakterisiert durch den Elastizitätsmodul E. Im Temperaturbereich um T_g zeigt Glas ein viskoelastisches Verhalten, vergleichbar mit einem knetbaren Teig. Dies lässt sich modellhaft durch die Hintereinanderschaltung einer Feder (Federkonstante E) und eines Stoßdämpfers (Dämpfungskonstante η) veranschaulichen, dem sog. Maxwell-Körper (s. Abb. 1.18).

Es lässt sich ableiten, dass in Abhängigkeit von der Dauer einer externen Einwirkung (mechanische Spannungen) zeitlich verzögerte Auswirkungen (Dehnungen) hervorgerufen werden – man spricht von einer Nachwirkungs- oder Relaxationserscheinung.

In erster Näherung lässt sich die zeitliche Verzögerung (Relaxationszeit) durch das Verhältnis η/E berechnen. Je nach Dauer der Experimentier- bzw. Observationszeit (im Verhältnis zur Relaxationszeit) überwiegt das viskose oder das elastische Verhalten des Glases.

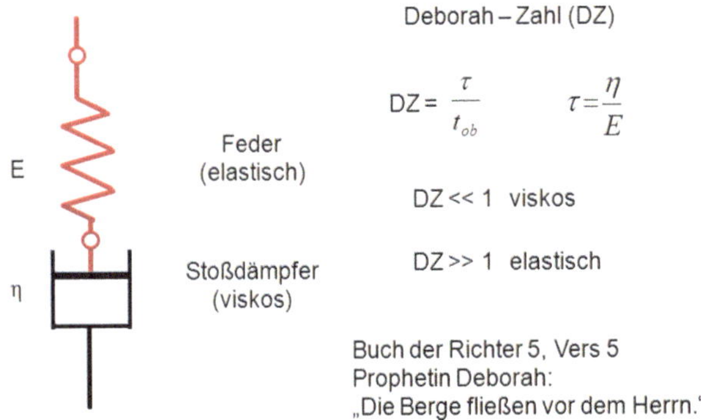

Abb. 1.18 Maxwell-Körper: Veranschaulichung des **visko-elastischen** Verhaltens von Glas

Eine kurzzeitige, schlagartige Krafteinwirkung auf den Maxwell-Körper aktiviert nur die Feder, nicht aber den trägen Stoßdämpfer. Ein Glasschmelzstrang, der mit einer Schlagschere durchtrennt wird, verhält sich spröd-elastisch und hinterlässt kurzzeitig eine Bruchfläche wie bei einem abgekühlten festen Glas. Im anderen Extremfall aktiviert eine Langzeit-Krafteinwirkung selbst bei einem festen Glas den viskos wirkenden Stoßdämpfer und führt zu einem Verformungsprozess (bei Zimmertemperatur allerdings erst nach ca. 30 Mrd. Jahren!). Das Verhältnis von Relaxationszeit τ zu Beobachtungszeit t_{ob} wurde vom niederländischen Glaswissenschaftler J.V. Stevels als Deborah-Zahl (DZ) definiert unter Bezug auf die Prophetin des Alten Testaments, die sich die Berge vor dem Herrn (also bei unendlich großer Beobachtungszeit) viskos fließend vorstellen konnte (vgl. Bibel, Buch der Richter 5,5), $DZ = \tau/t_{ob} = \ll 1$.

Ein weit verbreiteter Irrtum, dass jahrhundertealte Kirchenfensterscheiben durch visko-elastisches Fließen am unteren Rand dicker als am oberen seien, ist damit widerlegt. Die mittelalterlichen Glasscheiben konnten häufig nicht völlig planparallel hergestellt werden, man findet deshalb Scheiben mit einem dickeren Rand sowohl nach oben als auch nach unten eingebaut.

1.5   Keimbildung und Kristallisation

Abhängig von der Glaszusammensetzung, der Abkühlgeschwindigkeit und vom Gehalt an Verunreinigungen in der Schmelze kann eine spontane *Kristallisation* des Glases eintreten. Diese sog. Entglasung ist bei der Glasherstellung unerwünscht, die sich im Glas bildenden Kristallite sind optisch störend. Ihr von der Glasmatrix abweichender thermischer Ausdehnungskoeffizient führt zudem zu mechanischen Spannungen und mindert die Festigkeit des Glasartikels.

Im Kunsthandwerk jedoch wird dieser Effekt als Dekortechnik genutzt. In der glasigen Glasurschicht, mit der Keramikartikel oft überzogen sind, führt die Entglasung durch Kristallbildungen zu reizvollen Mustern, die Eiskristallen ähneln. Durch ihren spontanen Verlauf gleicht kein Dekor dem anderen, es entstehen Unikate (s. Abb. 1.19).

Wird eine Glasschmelze langsam abgekühlt, bilden sich zunächst Keime im Größenbereich von wenigen Nanometern. Die Keimbildungsrate erreicht mit sinkender Temperatur der Schmelze ein Maximum (s. Abb. 1.20 und 1.21).

Ein ähnliches Temperaturverhalten zeigt der sich an den Prozess der *Keimbildung* anschließende Vorgang des Kristallwachstums. Die Lage der beiden Kurven in Abb. 1.21 und

Abb. 1.19   Spontane Kristallbildung in der Glasur einer Porzellanschale

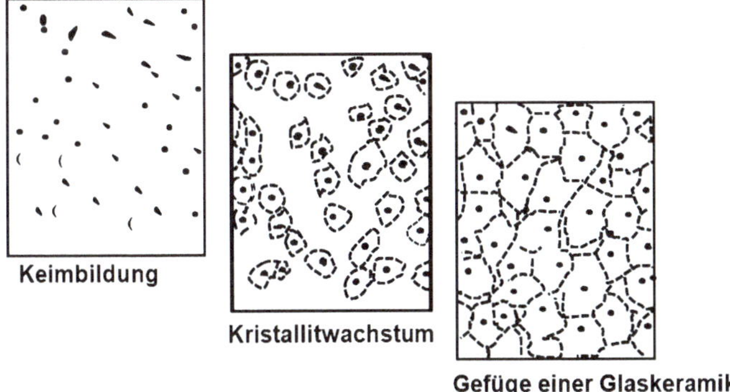

Abb. 1.20   Abfolge der Keimbildung und des Kristallwachstums

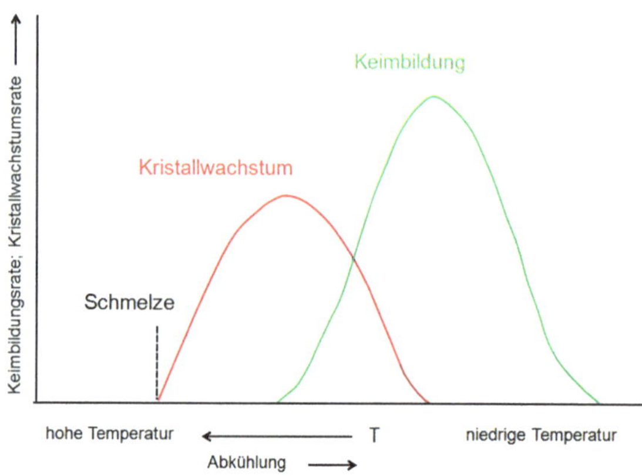

Abb. 1.21 Keimbildungsrate und Kristallwachstum als Funktion der Temperatur

gegebenenfalls deren Überlappung bestimmen, ob eine Schmelze bei der Abkühlung kristallisiert oder nicht. Haben sich während der Abkühlung genügend Keime gebildet, bevor der optimale Temperaturbereich des Kristallwachstums erreicht wird, kommt es zur Kristallisation. Andernfalls werden die gebildeten Keime erst bei einer eventuellen späteren Temperaturänderung zum Kristallwachstum beitragen können.

Zur Keimbildung in einer Glasschmelze können sowohl mikroskopische Fluktuationen der Zusammensetzung der Glasschmelze beitragen (homogene Keimbildung) als auch Verunreinigungen im Material (heterogene Keimbildung). Diese Keime führen zur sog. Volumenkristallisation. Die heterogene Keimbildung bildet die Grundlage vieler technisch hergestellter Glaskeramiken.

S. D. Stookey entdeckte in den frühen 1950er-Jahren, dass sich in Gläsern, die mit geringen Zusätzen an Kupfer, Silber oder Gold dotiert waren, sehr homogen verteilte nanometergroße Kristallite gebildet hatten. Ein keramikartiges, neues Material war entstanden – die erste *Glaskeramik*. Er erkannte bereits damals die wesentlichen Merkmale eines geeigneten

Keimbildners: eine gute Löslichkeit in der Glasschmelze bei hohen Temperaturen, eine hohe Diffusion in der Schmelze, eine mit fallender Temperatur deutlich sinkende Löslichkeit sowie eine der zu kristallisierenden Glaskomponente ähnliche Struktur.

Von großer technischer Bedeutung sind Glaskeramiken aus lithiumhaltigen Alumosilicatgläsern (LAS-Glaskeramiken). Das Phasendiagramm dieser Gläser zeigt stark SiO_2-haltige Phasen (Spodumen bzw. Eukryptit).

Diese Kristallphasen haben einen negativen thermischen Ausdehnungskoeffizienten. Im Gegensatz zum Grundglas, das einen positiven Ausdehnungskoeffizienten besitzt, schrumpft das Material mit wachsender Temperatur. Eine homogene Verteilung der genau abgestimmten Konzentration und Größe der Kristallite in der Restglasphase führt zu einer Glaskeramik mit (nahezu) thermischer Nullausdehnung. Als Keimbildner für diese LAS-Glaskeramiken werden zumeist TiO_2 oder ZrO_2 eingesetzt.

Hergestellt wird eine Glaskeramik zunächst wie gewöhnliches Glas, es wird aus der Schmelze geformt und abgekühlt. Das noch glasige Produkt, „Grünglas" genannt, ist transparent und kann durch Trennen, Schleifen oder Polieren einer Weiterverarbeitung unterzogen werden. Nach einer optischen Qualitätskontrolle wird es in einem zweiten Prozess erneut bis zur Keimbildungstemperatur erhitzt, um nach einer festgelegten Haltezeit in einem nächsten Prozessschritt der gezielten Kristallisation unterzogen zu werden. Nach dem Abkühlen liegt Glaskeramik vor, die nun nicht mehr transparent, sondern wegen der streuenden Wirkung der nanometergroßen Kristallite im Glas transluzent ist.

Diese Glaskeramiken finden vielfältige Anwendung in Wissenschaft und Technik, insbesondere wenn höchste Längen- und Formkonstanz bei wechselnden Temperaturen gefordert wird.

▶ **Stanley D. Stookey – zweifaches Pech des Experimentators ist die Geburtsstunde der Glaskeramik** Die Erfindung der Glaskeramik ist ein herausragendes Beispiel für eine glückliche, unerwartete Entdeckung und eine Erfolgsgeschichte für zweckungebundene Forschung. Das Zulassen eines gewissen Freiraumes in der wissenschaftlichen Arbeit und das intensive und beharrliche Befassen mit einer Sache auch auf nicht vorgezeichneten Wegen führen nicht selten zu neuen Erkenntnissen. Die Entdeckung der Glaskeramik – insbesondere derjenigen, die sich durch eine thermische Nullausdehnung auszeichnet – geht auf den Glaschemiker Dr. *Stanley Donald Stookey* (1915–2014) zurück, der von 1940 bis 1987 bei den damaligen Corning Glass Works (heute Corning, Inc.) tätig war. Anfang der 1950er Jahre experimentierte er mit silberhaltigen neuen Kompositionen für fotoempfindliche Gläser. Die belichteten Silberteilchen sollten sich bei einer Temperatur von 450 °C entwickeln. Über Nacht versagte die Regelung, und der Ofen heizte sich auf 850 °C auf. Am nächsten morgen fand Stookey anstelle einer breit geflossenen Glasschmelze einen formstabilen Glasbarren, der ihm beim Herausnehmen aus dem heißen Ofen auch noch auf den Fußboden fiel und überraschender Weise dabei weder zerbrach noch trotz des Temperaturschocks Risse aufwies – die Glaskeramik war geboren.

Heute sind glaskeramische Produkte aus unserem Alltag nicht mehr wegzudenken – allseits bekannt als Herdplatte und Kochgeschirr.

1.6   Zusammensetzung und Eigenschaften von Gläsern

Oxidische Gläser bestehen aus Netzwerkbildnern, Netzwerkwandlern und Zwischenoxiden. Die zentralen Bausteine der Glasstruktur sind die *Netzwerkbildner*, die mit einem Gesamtanteil von mehr als 50 % in der Lage sind, ein dreidimensionales Netzwerk aufzubauen. Die *Netzwerkwandler* bestehen aus Oxiden, die das Netzwerk an bestimmten Stellen unterbrechen, während die *Zwischenoxide* in ihrer Wirkung eine Mittelstellung zwischen den Bildnern und den Wandlern einnehmen. Die jeweiligen Anteile dieser drei Oxidtypen führen zu unterschiedlichen Glaseigenschaften. Dies erklärt die Vielzahl der Glasrezepturen. Im Folgenden werden die wichtigsten Einflüsse der am häufigsten eingesetzten Oxide auf die Eigenschaften von Silicatgläsern vorgestellt.

1.6.1   Netzwerkbildner

Siliciumdioxid (SiO_2)

Reines *Quarzglas* (auch Kieselglas genannt) besteht allein aus dem Netzwerkbildner *Siliciumdioxid* und ist chemisch gesehen der einfachste Glas-Werkstoff. Wegen des hohen Schmelzpunktes von SiO_2 (>2000 °C) weisen Quarzgläser die höchste Temperaturstabilität auf (Einsatztemperaturen bis 1100 °C) und besitzen einen sehr geringen thermischen Ausdehnungskoeffizienten. Darüber hinaus zeigen sie eine große chemische Beständigkeit, eine starke elektrische und dielektrische Festigkeit sowie eine hohe Lichtdurchlässigkeit, die vom Ultravioletten bis zum Infraroten reicht.

Silicatgläser haben typischerweise einen Anteil von 55 bis 80 % SiO_2. Die Beimengung anderer Oxide ändert die physikalischen und chemischen Eigenschaften des dann entstehenden Multikomponentenglases deutlich.

Bortrioxid (B_2O_3)

Die Zugabe von bis zu 12 % Bortrioxid auf Kosten der Alkali- und Erdalkalioxide erniedrigt in Silicatgläsern den thermischen Ausdehnungskoeffizienten und erhöht die chemische Beständigkeit. Gleichzeitig bewirkt diese Substitution, dass eine Glasschmelze bei höheren Temperaturen flüssiger, bei tieferen dagegen zäher wird. Der thermische Verarbeitungsbereich verringert sich, das Glas wird „kürzer".

Phosphorpentoxid (P_2O_5)

Mit typischen Anteilen von ca. 70 % bei SiO_2-Anteilen von bis zu 10 % wird die Durchlässigkeit für ultraviolette (UV) Strahlung erhöht, die für infrarote (IR) Strahlung – insbesondere bei Einbau von zweiwertigem Eisen – verringert. Nachteilig ist, dass diese Gläser stark hygroskopisch, in feuchter Atmosphäre also nicht stabil sind.

1.6.2   Netzwerkwandler

Beim Einbau von Alkalioxiden wie Kaliumoxid (K_2O), Natriumoxid (Na_2O) und Lithiumoxid (Li_2O) wird das Netzwerk der Bildneroxide aufgebrochen und damit weniger stabil. Dadurch verringern sich die Viskosität und die Schmelztemperatur; bei Lithiumoxid ist dieser Effekt am stärksten ausgeprägt.

Die Alkali-Ionen bewirken als Ladungsträger eine elektrische Leitfähigkeit bei Schmelztemperaturen, folglich leitet die Glasschmelze bei hohen Temperaturen den elektrischen Strom und kann so auch beheizt werden.

Beim Einbau von Alkalioxiden in das silicatische Netzwerk nimmt die chemische Beständigkeit stark ab, speziell beim Einbau von Kaliumoxid. Alkalisilicatgläser sind daher nur wenig beständig (z. B. Wasserglas 28 % Na_2O, 72 % SiO_2) und benötigen einen Stabilisator in Form von Erdalkalioxiden.

Die Erdalkalioxide Calciumoxid (CaO), Magnesiumoxid (MgO) und Bariumoxid (BaO) beeinflussen den Viskositätsbereich der Verarbeitung, die „Länge" des Glases und verbessern die chemische Beständigkeit wesentlich.

Bleioxid (PbO)

Die Viskosität wird durch die Zugabe von PbO verringert, damit sinkt auch die Schmelztemperatur. Bleioxid erhöht die Lichtbrechung und damit die „Brillanz" (etwa beim Bleikristallglas). Das Schwermetall Blei eignet sich als Zusatz optimal für Gläser, die Röntgenstrahlen absorbieren sollen.

1.6.3 Zwischenoxide

Aluminiumoxid (Al_2O_3) erhöht die Viskosität, somit wird das Glas „länger". Ferner sind aluminiumhaltige Gläser chemisch beständiger.

Titandioxid (TiO_2) und Zirkondioxid (ZrO_2) erhöhen die Lichtbrechung, die Gläser weisen zudem ebenso eine verbesserte chemische Beständigkeit auf.

1.6.4 Beispiele für Glaszusammensetzungen

Das Glas der assyrischen Rezeptur war ein *Kalknatron-Silicatglas* (CaO-Na_2O-SiO_2). Seine Zusammensetzung und auch die eines römischen Hohlglases ähneln sehr stark den heute produzierten Massengläsern der Hohl- und Flachglasindustrie (s. Tab. 1.1). Eine Ausnahme bilden die mittelalterlichen Gläser, die unter Verwendung von Pottasche (Kaliumcarbonat, K_2CO_3) hergestellt wurden. Die Veraschung von Holz, die vorrangig nördlich der Alpen betrieben wurde, lieferte überwiegend Kaliumcarbonat und führte zu weniger beständigen Gläsern, die im Laufe der Jahrhunderte verwittern. Die Restaurierung mittelalterlicher Fenster ist daher wegen der chemischen Unbeständigkeit kaliumhaltiger Gläser äußerst aufwendig.

Im Mittelmeerraum überwog dagegen der Einsatz von Soda (Na_2CO_3), die entweder als natürliche Soda vorlag oder durch die Veraschung von Meerespflanzen anfiel. Das ist der tiefere Grund für den hervorragenden Erhaltungszustand, den mesopotamische, ägyptische, römische und später venezianische Gläser aufweisen.

Interessant ist auch der Vergleich mit den Gläsern der Natur, s. Tab. 1.1. Die *Obsidiane* (vulkanische Gläser) und *Tektite* (durch Meteoriteneinschlag entstanden) sind alkaliarme Alumosilicatgläser. Sie besitzen eine extrem hohe chemische Beständigkeit, denn nur so ist ihr Vorhandensein nach Millionen von Jahren zu erklären. Eine Besonderheit stellt dabei das

Tab. 1.1 Glaszusammensetzungen, Angaben in Gew.%

Glastyp	SiO_2	Al_2O_3	CaO	MgO	Na_2O	K_2O	Li_2O
Kalknatron-Silicatgläser							
Behälterglas (weiß)	73	2	11		13	1	
Floatglas	72	0,5	9	4,5	14		
Historische Gläser							
Mesopotamisches Glas	68	$1+0,5\ Fe_2O_3$	8	5	14,5	3	
Römisches Glas	70	$2+0,5\ Fe_2O_3$	7,5	1	18	1	
Mittelalterliches Kirchenfensterglas	49	$2+0,5\ Fe_2O_3+1\ P_2O_5$	23	4	0,5	20	
Natürliche Gläser							
Obsidian	75	$14+0,5\ Fe_2O_3$	1		4	5	$+0,5\ H_2O$
Tektite	79	$10+3\ Fe_2O_3$	3	2	0,5	2,5	
Libysches Wüstenglas	$98+0,2\ TiO_2$	$1,3+0,3\ Fe_2O_3$					$+0,2\ H_2O$

libysche Wüstenglas dar, das chemisch gesehen nahezu einem „unverwüstlichen" Quarzglas entspricht, dessen Entstehungsgeschichte uns aber noch Rätsel aufgibt.

Spezialgläser, die einen Anteil von etwa 10 % an der gesamten Glasproduktion einnehmen, sind so zusammengesetzt, dass ihnen maßgeschneiderte Eigenschaften verliehen werden, s. Tab. 1.2. Zu den historisch ältesten Spezialgläsern zählen die optischen Gläser mit definiert eingestellten Brechungsindizes und speziellen Dispersionseigenschaften.

Quarzglas als Prototyp des SiO_2-Netzwerks wurde bereits vorgestellt, es spielt in der Halbleiterindustrie eine wichtige Rolle. Ferner kommt es bei der Herstellung von Hochdruck- und Entladungslampen zum Einsatz.

Die Gruppe der *Borosilicatgläser* erweist sich als chemisch sehr resistent und zeichnet sich durch geringe thermische Ausdehnung (wenn auch größer als bei Quarzglas) und somit durch eine hohe Temperaturwechselbeständigkeit aus. Ihr Einsatzgebiet finden diese Gläser als Labor-, Pharmazie- und Haushaltsglas. Darüber hinaus werden Borosilicatgläser im Lampenbau und bei Brandschutzverglasungen verwendet.

Die Zugabe hoher Anteile von Aluminiumoxid (Al_2O_3) bei geringer Natriumoxid-Konzentration führt zu erhöhter Resistenz gegenüber einem chemischen Angriff und erhöht den elektrischen Widerstand.

Alkalifreie *Alumosilicatgläser* weisen den höchsten elektrischen Widerstand auf, da hier die Natriumionen als Ladungsträger fehlen. Derartige Gläser finden Anwendung für Displays (beispielsweise Flachbildschirme für Laptops oder Smartphones), wegen ihres hohen elektrischen Widerstandes bei hohen Temperaturen als Glas für Halogenlampen und auch für Gläser mit geringen **dielektrischen Verlusten** (für Verstärkungsfasern in Leiterplatten sowie für Entladungslampen).

Bleisilicatgläser enthalten hohe Anteile von Bleioxid (PbO); das Blei bewirkt eine Erhöhung der Lichtbrechung (Erhöhung des Brechungsindex), eine Verringerung der elektrischen Leitfähigkeit, eine Absenkung der Viskosität und damit der Schmelztemperatur und schließlich eine Erhöhung der Absorption von Röntgen- und Gammastrahlen. Anwendungen finden sich daher

Tab. 1.2 Glaszusammensetzungen (Spezialgläser), Angaben in Gew.%

Glastyp	SiO_2	B_2O_3	Al_2O_3	PbO	BaO	CaO	MgO	Na_2O	K_2O	Li_2O
Quarzglas	100									
Borosilicatglas	80	10	3			1	1	5		
Alumosilicatgläser										
Displayglas	59	7	17		12	4	1			
Verstärkungsfaserglas	54	8	16		17	5				
Halogenlampenglas	61		15		16	8				
Bleisilicatgläser										
Optisches Flintglas	50			19	13+8 ZnO			2	8	
Lotglas (Elektronik)	3	12	11	74						
Bleikristallglas	60			24				1	15	
Glaskeramik (Zerodur®)	57+4 TiO_2, ZrO_2+7 P_2O_5		26				2		1	3
Isolierglasfasern										
Glaswolle	65	5	2			7	3	17	1	
Steinwolle	41		18+7 Fe_2O_3			18	12	3	1	

auf den Gebieten der optischen Gläser, der niedrig schmelzenden Lötgläser und für Strahlenschutz-Sichtfenster.

Reines Phosphatglas ist extrem hygroskopisch und in der Praxis nicht einsetzbar. Als Netzwerkbildner in optischen Gläsern wird Phosphorpentoxid mit niedrigem Brechungsindex und geringer Dispersion verwendet. Große Bedeutung haben Phosphatgläser als Wärmeschutzfilter für Projektionslampen erlangt, da sie bei hoher Absorption im Infraroten noch eine hohe Transmission im Sichtbaren aufweisen (70 % P_2O_5, 4 % B_2O_3, 9 % Al_2O_3, 2 % Fe_2O_3, 4 % MgO, 1 % ZnO, 10 % K_2O).

Als Beispiel für eine Glaskeramik mit Nullausdehnung wird in Tab. 1.2 die Zusammensetzung von Zerodur® aufgeführt, die wegen ihrer Formstabilität und Unempfindlichkeit gegenüber starken Temperaturgradienten als Herdplatte, Kaminscheibe, Brandschutzglas und Teleskop-Spiegelträger Verwendung findet.

Gläser für die thermische und akustische Isolierung kommen in Form von loser *Glaswolle* oder als Fasern mit Kunstharz versetzt in Form von weichen Matten oder steifen Platten zur Anwendung.

Die chemische Zusammensetzung basiert entweder auf einem borhaltigen Kalknatron-Silicatglas (Glaswolle) oder auf einem Eisenoxid-haltigen Erdalkali-Alumosilicat-Glas (*Steinwolle*), s. Tab. 1.2.

Nicht-silicatische Gläser liegen vor, wenn das Silicium nicht nur teilweise durch Bor (Boratgläser) oder Phosphor (Phosphatgläser) ersetzt wird, sondern vollständig durch beispielsweise Germanium, Zirkonium, Arsen oder Antimon. Zusätzlich kann auch eine Substitution des Sauerstoffs (nicht-oxidische Gläser) durch Schwefel, Selen oder Tellur (Chalkogenid-Gläser) oder durch Fluor, Chlor, Brom oder Jod (Halogenid-Gläser) erfolgen. Anstelle des Sauerstoffs lässt sich teilweise auch Stickstoff in die Glasstruktur einbauen – dann spricht man von Oxi-nitrid-Gläsern.

Die *Chalkogenidgläser* (z. B. Arsensulfid (As_2S_3)- und Arsentellurid-Gläser (As_2Te_3)) zeichnen sich durch halbleitende Eigenschaften und hohe Transmission im Infraroten bis 11 µm Wellenlänge aus (Einsatz für Infrarotoptiken). Halogenid-Gläser

(z. B. Glasfasern auf der Basis von Zirkonfluorid ZrF_4) eignen sich wegen ihrer geringen Dämpfung für die Wellenleitung infraroter Strahlung.

1.6.5 Wirkung von Farboxiden

1.6.5.1 Ionenfärbung

Bestimmte Metalle rufen als positiv geladene Ionen (Kationen) Färbungen in Gläsern hervor (vergleichbar ihrem Verhalten in wässrigen Lösungen). Oft reichen nur kleinste Mengen (Bruchteile eines Prozents) zur Farbgebung aus. Die Zugabe zum Glasgemenge erfolgt als Metalloxid.

Bei den *Farbkationen* handelt es sich im Wesentlichen um Kationen der Nebengruppenelemente der 4. Periode des Periodensystems wie Titan, Vanadium, Chrom, Mangan, Eisen, Kobalt, Nickel und Kupfer. Darüber hinaus zeigen auch die Kationen der Nebengruppenelemente der 6. Periode (Seltenerdmetalle) Farbeffekte, beispielsweise Praseodym und Neodym, s. Tab. 1.3.

Die spektrale Absorption des Farbkations hängt vom jeweiligen Element, von dessen Elektronenanordnung, von der **Wertigkeitsstufe** und von der Umgebung des Kations in der Glasstruktur (der Koordination) ab.

Einige Farbkationen, insbesondere die des Eisens, sind unvermeidliche Verunreinigungen der Ausgangsrohstoffe. Unterschiedliche Schmelzbedingungen bei der Glasherstellung führen zu jeweils verschiedenen Wertigkeitsstufen der Farbkationen. Bei oxidierender Schmelzweise (Verbrennung mit Luftüberschuss) bildet sich die höhere Wertigkeitsstufe (bei Eisen Fe^{3+}), dagegen bei reduzierender Schmelzweise (Verbrennung unter Sauerstoffmangel und/oder Vorliegen reduzierender Bestandteile wie Kohle in der Schmelze) die niedrigere Wertigkeitsstufe (Fe^{2+}).

Eisen verursacht eine der häufigsten Färbungen im Glas, die *Grünfärbung,* die für die sog. „Waldgläser" typisch ist. Diese Grünfärbung der Waldgläser war keineswegs beabsichtigt und stellte sich bedingt durch die Eisenverunreinigungen der

Tab. 1.3 Farbkationen in Gläsern

Element	Wertigkeitsstufe	Koordination	Farbe
Titan	Ti^{3+}	$Ti^{3+}O_6$	Violett
Vanadium	V^{3+}	$V^{3+}O_6$	Grün
	V^{5+}	$V^{5+}O_4$	Farblos
Chrom	Cr^{3+}	$Cr^{3+}O_6$	Grün
Mangan	Mn^{2+}	$Mn^{2+}O_6$	Farblos
	Mn^{3+}	$Mn^{3+}O_6$	Violett
Eisen	Fe^{2+}	$Fe^{2+}O_6$	Blau
	Fe^{3+}	$Fe^{3+}O_4$	Gelb
Kobalt	Co^{2+}	$Co^{2+}O_4$	Intensiv blau
	Co^{2+}	$Co^{2+}O_6$	Rosa
	Co^{3+}	$Co^{3+}O_4$	Grün
Nickel	Ni^{2+}	$Ni^{2+}O_4$	Blau
		$Ni^{2+}O_6$	Gelb
		$Ni^{2+}O_4 + Ni^{2+}O_6$	Grau-braun
Kupfer	Cu^+		Farblos
	Cu^{2+}	$Cu^{2+}O_6$	Schwach blau
Praseodym	Pr^{3+}		Schwach grün
Neodym	Nd^{3+}		Rot-violett
Uran	U^{6+}		Gelb-grün

verwendeten Rohstoffe – Sand, Kalkstein und Pottasche – ein. Da diese eisenhaltigen Gläser im Allgemeinen weder extrem oxidierend noch extrem reduzierend geschmolzen wurden, zeigten sie weder eine Gelbfärbung (Fe^{3+}) noch eine Blaufärbung (Fe^{2+}), sondern eine Mischung aus Gelb und Blau, also Grün (s. Abb. 1.6).

Die Grünfärbung von Flaschen wird heute nicht mehr durch die Zugabe von Eisen realisiert, sondern durch die Beifügung von Chromoxid (dreiwertiges Chrom), das wesentlich farbintensiver wirkt.

Tab. 1.4 Maximal tolerierbarer Eisenoxidanteil in Glasprodukten

Glasprodukt	Fe_2O_3-Gehalt (%)
Waldglas	0,5
Floatglas	0,07
Behälterglas (weiß)	0,04
Bleikristallglas	0,015
Optisches Glas	0,001 = 10 ppm
Glasfaser für die Telekommunikation	0,0000001 = 1 ppb

Die Tab. 1.4 zeigt, welche Anforderungen hinsichtlich der maximalen Eisengehalte in verschiedenen Glasprodukten eingehalten werden müssen.

Eine weitere, häufig erzeugte Glasfärbung ist die *„Kohlegelb-Färbung"*, die das beispielsweise von Bierflaschen bekannte Braun erzeugt. Diese Farbe stellt sich bei Eisen- und schwefelhaltigen Glasschmelzen unter reduzierenden Bedingungen (Kohlezugabe) ein und ist zurückzuführen auf einen Eisen-Schwefel-Farbkomplex, der aus Fe^{3+}- und S^{2-}-Ionen (Sulfid) besteht. Je nach Konzentration dieses Farbkomplexes erhält man unterschiedlich intensiv gefärbte Brauntöne (s. Abb. 1.22).

Abb. 1.22 Braunglas unterschiedlicher Intensität. (Bildrechte: H. Müller-Simon, HVG, Offenbach)

Bei Flaschen bewirkt diese Färbung einen wirksamen *UV-Schutz* für das betreffende Füllgut. Zur Verlängerung der Haltbarkeit werden daher Getränke wie Bier und Wein in Braunglas-Flaschen abgefüllt.

Hohe Konzentrationen (>2 %) von Eisenoxid, aber auch von Mangan- und Nickeloxid führen zu Schwarzfärbungen des Glases.

Weißes *Opakglas* („Trübglas", „Opalglas") entsteht durch fein verteilte Inhomogenitäten (nichtlösliche Oxide, Auskristallisationen, entmischte Glasbereiche), die nach Abkühlen der Glasschmelze vorliegen und zu Lichtbrechungs- und Lichtbeugungseffekten führen. Das Glas erscheint weiß gefärbt. Früher wurden meist Fluoride als Trübungsmittel eingesetzt, die jedoch umweltgefährdende Emissionen verursachen. Heute verwendet man Aluminiumphosphate in Kombination mit Bariumcarbonat.

Opalgläser erscheinen porzellanähnlich und werden daher bevorzugt als Tischgeschirr verwendet.

Außer der Wertigkeitsstufe der Farbkationen kann auch die Koordination der Kationen, also die Anzahl der Sauerstoffionen, die um das Farbkation herum angeordnet sind, eine Rolle für die Farbgebung spielen. So färbt das zweiwertige Nickel, verbunden mit vier Sauerstoffionen (NiO_4) blau, mit sechs Sauerstoffionen (NiO_6) dagegen gelb. Liegen beide Koordinationen gleichzeitig vor, entsteht ein Graubraun, das als „Rauchglas"-Färbung bezeichnet wird.

Die unterschiedlichen Koordinationen sind abhängig von der Glaszusammensetzung. Die *Rauchglasfärbung* beobachtet man vor allem bei dem üblichen Kalknatron-Silicatglas. Wird das Natrium durch Lithium ersetzt, bildet sich die gelbfärbende 6-Koordination des Nickels, wird dagegen Natrium durch Kalium ersetzt, so entsteht die blaufärbende 4-Koordination.

1.6.5.2 Entfärbung von Glas

Die Herstellung von farblosem Glas muss als besondere glastechnische Leistung angesehen werden. Lange unerreicht blieben die venezianischen Glasmacher von Murano in der Methode des „Entfärbens" von Glas, die sie Mitte des 15. Jahrhunderts entwickelten und über mehr als 100 Jahre als Geheimnis zu hüten verstanden. Mit einer gezielten Farbmischung, die den durch die Eisenverunreinigungen hervorgerufenen Grünstich kompensierte, produzierten sie farbloses Glas: Der Schmelze wurde Mangan hinzugefügt, das – komplementär zu Grün – einen Rotstich hervorruft. Es färbt rosa-violett und ergibt zusammen mit dem Grün des Eisens im Glas einen leichten Grauton, der vom Auge nicht wahrgenommen wird.

Das *Entfärbungsmittel* Mangan wird dem Glasgemenge in Form von Mangandioxid (MnO_2, sog. „Braunstein") zugegeben. Die Glasmacher bezeichnen den Braunstein in anschaulicher Weise deshalb auch als „Glasmacher-Seife".

Die richtige Dosierung des Braunsteins ist eine Gratwanderung: Eine Überdosierung führt zu einem Violettstich, eine Unterdosierung beseitigt den Grünstich nicht. Manchmal kann sogar nach Jahrzehnten eine nachträgliche Violettfärbung an Glasobjekten festgestellt werden. Unter Sonnenbestrahlung (UV-Einstrahlung) erfolgt eine Photo-Oxidation (auch *Solarisation* genannt), und dabei wird das farblose Mn^{2+} zu dreiwertigem violetten Mangan oxidiert. Zu beobachten ist dieses Phänomen

Abb. 1.23 Fenster des Schlosses Sanssouci in Potsdam. (Bildrechte: Walburga Schaeffer)

u. a. an einigen Südfenstern des Potsdamer Schlosses Sanssouci (s. Abb. 1.23) und gelegentlich bei Kristallglas-Pokalen.

Die Entfärbung von leicht grünstichigem Behälterglas erfolgt heute durch Zugabe von rosa färbendem metallischem Selen oder Selenverbindungen zur Schmelze, da derart entfärbte Gläser keine Solarisationsanfälligkeit aufweisen.

1.6.6 Kolloidale Färbung

Neben der durch Farbkationen hervorgerufenen Ionenfärbung gibt es *kolloidale Färbungen* von Gläsern.

Kolloide sind Metallteilchen, deren Größe im Nanobereich (in der Größenordnung von nm $= 10^{-9}$ m) liegt. Sie verteilen sich in der Schmelze, ohne eine chemische Verbindung mit den Glasrohstoffen einzugehen. Die Färbungen werden durch die Streuung des auftreffenden Lichts an den kolloidalen Teilchen verursacht.

Erst seit dem Beginn des 20. Jahrhunderts kann die kolloidale Färbung wissenschaftlich erklärt werden, sie gehört jedoch zu den ältesten Techniken der Glasgeschichte. Schon in römischer Zeit wurde sie mit erstaunlicher Perfektion praktiziert, wie der berühmte Lykurgos-Becher beweist, der sich in den Sammlungen des Britischen Museums befindet. Seine Färbung wechselt je nach der Beleuchtungsrichtung von grün zu rot. Im Auflicht streut das Glas die kurzen blauen und grünen Wellenlängen des optischen Spektrums. Von innen beleuchtet, also im Durchlicht, werden diese absorbiert, die längeren roten Wellenlängen hingegen durchgelassen.

Gold-Kolloide rufen die *Goldrubin-Färbung* hervor. Der Alchimist und Glasforscher Johann Kunckel hat 1684/1685 die Herstellung von Rubingläsern beschrieben und damit eine der frühesten Farbglasrezepturen publiziert. Wegen des beigemischten Goldes waren die Goldrubin-Gläser besonders kostbar und wurden oft durch Schliff und wertvolle Fassungen weiter veredelt.

Auch mit Silber (Gelb), Kupfer (Kupferrubin) und Selen (Rosa) lassen sich Farbgläser herstellen. Seit Anfang des

20. Jahrhunderts werden zudem nicht-metallische Zusätze zur Erzeugung kolloidaler Färbungen eingesetzt: Cadmiumsulfid, das eine intensive Gelbfärbung bewirkt, auch Mischkristalle von Cadmiumsulfid und Cadmiumselenid, die je nach dem Verhältnis von Schwefel und Selen gelb, orange bis intensiv rot (Selenrubin) färben.

Unter den Farbgläsern nehmen die mit Uran gefärbten Gläser wegen ihrer gelb-grünen Färbung und ihrer **Fluoreszenzeigenschaften** eine Sonderstellung ein. In der zweiten Hälfte des 19. Jahrhunderts fanden sie eine weite Verbreitung. Als Färbungsmittel werden Uranit (UO_2) oder Natriumdiuranat ($Na_2U_2O_7$) in Konzentrationen bis 1 % eingesetzt. Die Färbung ist auf das sechswertige Uran zurückzuführen, das unter oxidierenden Schmelzbedingungen entsteht. Unter UV-Licht emittiert das Glas ein intensiv gelbes bis grünes Fluoreszenzlicht (sog. „Changieren").

Weiterführende Literatur

Bach H, Krause D (Hrsg) (2005) Low thermal expansion glass-ceramics, 2. Aufl. Springer, Berlin

Höland W, Beall G (2002) Glass-ceramic technology. The American Ceramic Society, Westerville Ohio

Scholze H (1988) Glas – Natur, Struktur und Eigenschaften. Springer, Berlin

Varshneya AK (2006) Fundamentals of inorganic glasses. The Society of Glass Technology, Sheffield

Wedepohl KH (2003) Glas in Antike und Mittelalter. E. Schweizerbart'sche Verlagsbuchhandlung, Stuttgart

2.1 Einleitung

Die weltweite Glasproduktion lag im Jahr 2017 bei mehr als 130 Millionen Tonnen (Mio. t). In den 28 Mitgliedstaaten der Europäischen Union wurden über 36 Mio. t Glas produziert.

Nach der Unterteilung der Statistiker entfielen davon etwa 23 Mio. t auf Hohlglas, dazu zählen Behälterglas wie Flaschen und Konservengläser, aber auch Haushaltsglas. 11 Mio. t entfielen auf Flachglas (Architektur- und Automobilglas), 0,8 Mio. t auf Glasfasern und 1,5 Mio. t auf Spezialgläser und sonstige Gläser.

Im Jahr 2018 produzierten in Deutschland mehr als 400 Betriebe mit über 56 Tausend Mitarbeitern 7,7 Mio. t Glas im Gesamtwert von 10,1 Mrd. EUR.

In diesem Kapitel werden die unterschiedlichen Anwendungsbereiche des Werkstoffs Glas vorgestellt. Der Abschn. 2.2 ist dem Bereich Hohlglas, Abschn. 2.4 dem Flachglas gewidmet. Alle weiteren Ausführungen befassen sich im Detail mit den unterschiedlichen Formen des Spezialglases und der Glasfaser-Anwendungen. Obwohl die Spezialgläser nach produzierter Menge weit hinter den Hohl- und Flachgläsern liegen, zeigen sie ein faszinierendes und breites Spektrum an sehr interessanten Anwendungsfeldern. Trotz ihrer geringen Tonnage

© Springer-Verlag GmbH Deutschland,
ein Teil von Springer Nature 2020
H. A. Schaeffer und R. Langfeld, *Werkstoff Glas,*
Technik im Fokus, https://doi.org/10.1007/978-3-662-60260-7_2

sind Spezialgläser nach ihrer Wertschöpfung ein wichtiger Teil der Glasproduktion, und viele innovative Anwendungen des Werkstoffes Glas finden sich im Spezialglasbereich.

2.2 Glas für Verpackung, Labor und Pharmazie

2.2.1 Physikalische und chemische Eigenschaften

2.2.1.1 Chemische Beständigkeit

Der Werkstoff Glas zeichnet sich – im Gegensatz zu vielen Metallen und besonders den Kunststoffen – durch eine hohe Beständigkeit gegenüber Wasser, Salzlösungen, den meisten Säuren, schwachen Laugen und organischen Lösungsmitteln aus. Nur starke Laugen, Flusssäure und heiße Phosphorsäure beschädigen Glas in nennenswertem Maß. Der chemische Angriff durch Chemikalien kann sich in einem Abtrag von Material aus den Oberflächenschichten des Werkstoffes äußern, er kann sich durch optische Veränderungen wie Trübungen und Verfärbungen des Glases zeigen, oder er führt zur oft unerwünschten Abgabe von Glasbestandteilen in das Lösungsmittel.

Wasserfreie organische Lösungsmittel dagegen verändern die Glasoberfläche nicht. Die in wässrigen Lösungen, Säuren und Laugen vorliegenden H^+-Ionen bzw. OH^--Ionen treten hingegen mit dem Glasnetzwerk in Wechselwirkung. Bei hydrolytischem (Wasser-) Angriff oder bei Einwirkung von Säuren werden die im Lösungsmittel im Überschuss vorhandenen H^+-Ionen gegen ein- oder zweiwertige Glasbestandteile ausgetauscht. Es entsteht eine an diesen Netzwerkwandlern verarmte Kieselgelschicht an der Glasoberfläche, die bei vielen sog. säureresistenten Gläsern den hydrolytischen Angriff bremst. Je nach Dicke dieser Schicht (ab ca. 50–200 nm) kann dieser auch *Glaskorrosion* genannte Effekt zu sichtbaren Veränderungen der Glasoberfläche wie Trübung und Verfärbung führen.

Flusssäure und starke Laugen wiederum bewirken einen Abtrag dieser Kieselgelschicht. Im Ergebnis ist ein Gewichtsverlust des Glaskörpers zu verzeichnen, der vor allem bei wechselweiser Beanspruchung des Glasbauteils durch Säuren und Laugen zu signifikanter Schädigung des Bauteils führen kann.

Neben der Schwächung des Glases und der sichtbaren Veränderung ist die Abgabe von Glasbestandteilen an das wässrige Medium oft unerwünscht, vor allem beim Einsatz von Glas als Verpackungsmittel für Lebensmittel oder Pharmazeutika.

Der Grad der hydrolytischen, also der Säure- bzw. der Laugenbeständigkeit, kann nach verschiedenen DIN Normen eingeordnet werden. Bei der Bestimmung der *hydrolytischen Beständigkeit* (z. B. gem. DIN ISO 719 oder 720) wird eine bestimmte Menge Glasgries einer genau vorgegebenen Körnung einem Wasserbad bei erhöhten Temperaturen ausgesetzt. Die Menge der nach einer bestimmten Zeit freigesetzten Alkali-Ionen wird bestimmt und legt die hydrolytische Beständigkeitsklasse des Glases fest, wobei die Klasse 1 ein chemisch hoch resistentes Glas angibt, Klasse 5 ein stark unbeständiges Glas beschreibt. Bei der *Säurebeständigkeit* nach DIN 12116 wird der Gewichtsverlust nach einem 6-stündigen Angriff durch 20 %ige Salzsäure bestimmt, hier bezeichnet die Säureklasse 4 ein stark säurelösliches Glas, Klasse 1 ein säurebeständiges Glas. Der Gewichtsverlust eines Glases nach einem Angriff einer Natriumhydroxid-Lösung bestimmt die *Laugenbeständigkeit* (Klasse 1 = schwach laugenlöslich bis Klasse 3 = stark laugenlöslich, vgl. DIN ISO 695).

Kalknatron-Silicatgläser haben typischerweise eine hydrolytische Beständigkeit (H) von 3, eine Säurebeständigkeit (S) von 1 und eine Alkalibeständigkeit (A) von 2. Spezialgläser wie Duran®, ein Borosilicatglas für Anwendungen als Laborglas (Reagenzgläser), oder Fiolax®, ein Spezialglas für Pharmaverpackungen, liegen bei 1/1/2 (H/S/A), die stabilsten Glastypen erreichen heute eine Klassifizierung von 1/1/1.

Die Grenzen der chemischen Beständigkeit von Gebrauchsgläsern im täglichen Leben zeigen sich bei der Glaskorrosion von Trinkgläsern, die mit alkalischen Reinigern wiederholt in der Spülmaschine gewaschen wurden. Die angegriffene Glasoberfläche weist dann eine deutliche Trübung auf. Eine Eintrübung durch Glaskorrosion ist auch bei Zweischeiben-Isolierverglasungen (vgl. Abschn. 2.4.3) zu erkennen, wenn Feuchtigkeit durch Undichtigkeit in den Zwischenraum eingedrungen ist. Fensterglas zeigt an den Außenseiten keine Glaskorrosion, weil die durch Umwelteinflüsse entstehende Kieselgelschicht durch Regen oder Reinigen permanent entfernt wird. Wesentlich dramatischer ist der Einfluss säure- oder salzhaltiger Luft auf alte farbige Kirchenfenster, hier kann durch Glaskorrosion an den teilweise wenig stabilen historischen Gläsern ein erheblicher, irreparabler Schaden entstehen.

Die Veränderung der Glasoberfläche durch Säureangriff kann durchaus gewollt sein und wird beim *Ätzen von Glas* zur Dekoration genutzt. Hierbei setzt man die Glasoberfläche verdünnter Flusssäure aus, oft unter Zusatz von Salz- oder Salpetersäure. Bei weniger stabilen Gläsern können so in relativ kurzer Zeit von wenigen Minuten 1 bis 10 µm tiefe Schichten abgetragen werden. Der meist unregelmäßige Glasabtrag führt zu einer Mattierung der Oberfläche und kann als einfache Antireflexschicht (vgl. Abschn. 2.4.4) z. B. für Verglasungen von Bildern genutzt werden. Kombiniert mit entsprechenden Masken erlaubt diese Technik auch das Aufbringen von Ornamenten auf die Glasoberfläche.

Bevor man Interferenz-Schichtsysteme zur Entspiegelung von Glasoberflächen kannte („T-Schicht" von Alexander Smakula (Zeiss) 1935, vgl. Abschn. 2.4.4), wurde eine Auslaugschicht auf optischen Linsen durch Säureangriff erzeugt. Diese Auslaugschicht hat eine geringere Brechzahl als das Grundglas. Bei geeignet gewählter Schichtdicke im Bereich von einigen 100 nm kann so eine teilweise Antireflexwirkung erzielt werden. Heutige Mehrschicht-Entspiegelungen sind diesem Ansatz allerdings weit überlegen.

2.2.1.2 Thermische Eigenschaften

Bis auf wenige Ausnahmen dehnen sich alle Festkörper mit zunehmender Temperatur aus. Diese sog. *thermische Ausdehnung* beträgt bei den Gegenständen des täglichen Lebens und bei den üblichen Temperaturunterschieden im Bereich der Raumtemperatur meist nur Bruchteile eines Promilles und bleibt so meist unbemerkt. Sie beeinflusst aber in entscheidendem Maße die Gebrauchseigenschaften eines spröden Werkstoffes wie Glas: Die Größe der thermischen Ausdehnung bestimmt die Zuverlässigkeit von Glasartikeln bezüglich ihrer *Temperaturschockfestigkeit* und ihrer *Temperaturunterschiedsfestigkeit*. Die Differenz der thermischen Dehnung zweier Materialien, beispielsweise Glas und Metall, hat zudem entscheidenden Einfluss auf die Zuverlässigkeit und Lebensdauer einer Glas-Metallverbindung wie der Einschmelzung von Metallelektroden in Glasartikel (z. B. als Stromzuführung in eine Glühlampe, vgl. Abschn. 2.6).

2.2.1.3 Die Definition des thermischen Ausdehnungskoeffizienten

Eine Glasprobe zeigt bei Veränderung der Temperatur eine Änderung ihrer Länge l und ihres Volumens V. Diese Änderung ist abhängig von der Glassorte und dem Temperaturbereich ΔT, in dem die Längendifferenz Δl beobachtet wird. Beschrieben wird dieses Verhalten durch den linearen thermischen Ausdehnungskoeffizienten α [1/Kelvin $= K^{-1}$] $= (1/l) \cdot (\Delta l / \Delta T)$.

Abb. 2.1 zeigt die relative Längenänderung einiger Gläser als Funktion der Temperatur. Die Steigung der jeweiligen Kurve entspricht dem linearen Ausdehnungskoeffizienten. Es wird ersichtlich, dass α temperaturabhängig ist und mit zunehmender Temperatur vor allem im Bereich um die Transformationstemperatur T_g des jeweiligen Glases stark zunimmt. Man gibt daher den Wert α immer für eine Temperatur oder einen Temperaturbereich (in °C) durch eine tiefgestellte Zahl an, z. B. als α_{100} oder α_{20-300}. In Tab. 2.1 wird der thermische Ausdehnungskoeffizient für einige Gläser und Metalle ausgewiesen.

2.2.1.4 Messung des thermischen Ausdehnungskoeffizienten

Die Messung des linearen Ausdehnungskoeffizienten erfolgt mittels eines Dilatometers. Die zu messende Probe der Länge l befindet sich in einem Ofen, der die Probe auf eine genau

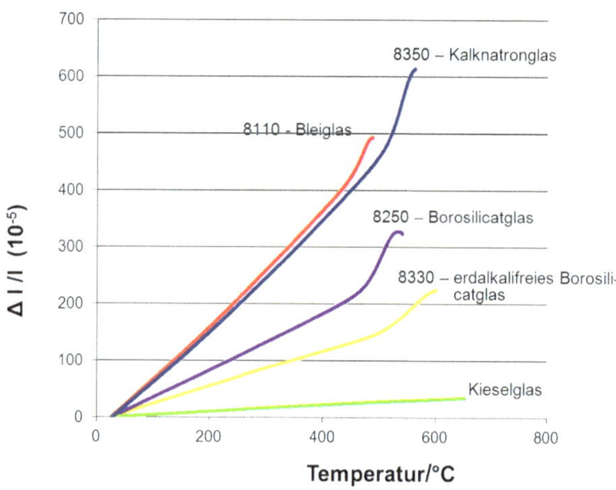

Abb. 2.1 Relative Längenänderung verschiedener Gläser mit der Temperatur. (Bildrechte: SCHOTT AG)

Tab. 2.1 Thermische Ausdehnungskoeffizienten verschiedener Materialien

Material		α in $10^{-6}\,K^{-1}$
Quarzglas	α_{0-200}	0,57
Typische Silicatgläser	α_{20-300}	3–15
AF 32® Aluminium Borosilicatglas	α_{20-300}	3,2
Borofloat® 33 Borosilicatglas	α_{20-300}	3,2
Wolfram, Molybdän, Kovar, Niob	α_{0-300}	4,4; 5,2; 5,5; 7,1
SCHOTT 8250 Borosilicatglas für Kovar und Molybdän-Schmelzanpassung	α_{20-300}	5,0
D263™ Borosilicatglas	α_{20-300}	7,2
BK 7 Bor-Kronglas	α_{20-300}	8,3
Kalknatron-Silicatgläser für Flach- u. Hohlgläser	α_{20-300}	8,5–9,5
Eisen	α_{0-100}	12,0
NPK52a Phosphat-Kronglas	α_{20-300}	15,0
Kupfer	α_{0-100}	16,7
Aluminium	α_{0-100}	23,9

einstellbare, über die Probenlänge konstante Temperatur T bringt. Mittels einer Schubstange wird die Längenänderung während der Aufheizung der Probe auf einen Wegaufnehmer geleitet. Die Weglängenänderungen werden induktiv, kapazitiv oder interferometrisch aufgenommen und ausgewertet. Für höchste Genauigkeit werden Dilatometer basierend auf Interferometern nach dem Michelson- oder Fabry-Pérot-Typ eingesetzt. Sie ermöglichen Messungen bis herab zu $5 \cdot 10^{-9}$ K^{-1}.

2.2.1.5 Abhängigkeit von der Glaszusammensetzung

Reines SiO_2-Glas (Quarzglas) hat aufgrund der starken Si-O-Bindung einen sehr niedrigen Ausdehnungskoeffizient α_{0-200} von $0,57 \cdot 10^{-6}$ K^{-1}. Eine Zugabe von Alkaliatomen zur Glasmatrix bewirkt das Aufbrechen von Si-O-Bindungen und eine Schwächung des Glasnetzwerkes. Damit führt eine Erhöhung des Alkaligehaltes (und in schwächerem Maße des Erdalkaligehaltes) zu steigenden α-Werten. Ein Kalknatron-Silicatglas (15 % Na_2O, 10 % CaO, 75 % SiO_2) besitzt einen um den Faktor 16 höheren Ausdehnungskoeffizienten $\alpha_{0-200} = 9,1 \cdot 10^{-6}$ K^{-1}.

Eine Besonderheit von großer technischer Bedeutung bewirkt die Zugabe von TiO_2 zum SiO_2-Netzwerk: Mit zunehmendem TiO_2-Gehalt sinkt der lineare Ausdehnungskoeffizient, um bei einem Mischungsverhältnis von 7,5 % TiO_2 zu 92,5 % SiO_2 ein Minimum zu erreichen. Corning ULE® Glas dieser Zusammensetzung zeigt ein α_{5-35} von $0 \pm 0,03 \cdot 10^{-6}$ K^{-1}!

2.2.1.6 Beständigkeit gegen Temperaturunterschiede und Temperaturwechsel

Wird eine Glasprobe lokal unterschiedlich erwärmt oder abgekühlt, bildet sich über die Probe ein Temperaturunterschied aus. Wegen der recht geringen Wärmeleitung von Gläsern (typ. Werte $\lambda \approx 0,9 - 1,2$ $W/(m \cdot K)$, zum Vergleich: Glas zu Stahl zu Kupfer $= 1:40:340$) kann sich dieser Temperaturunterschied nicht rasch genug ausgleichen; es kommt zu unterschiedlichen lokalen Dehnungen der Probe und damit zum Auftreten von lokalen mechanischen Spannungen. Diese sind proportional zur thermischen Dehnung, daher zeigen Glasartikel aus Borosilicatglas mit $\alpha = 3{,}3 \cdot 10^{-6}\,\mathrm{K}^{-1}$ eine höhere Temperaturunterschiedsfestigkeit als solche aus Kalknatron-Silicatgläsern ($\alpha \approx 9 \cdot 10^{-6}\,\mathrm{K}^{-1}$). Sie finden bevorzugt Verwendung als Laborglas, Brandschutzglas oder als Backform im Haushalt.

Wird eine Glasprobe als Ganzes einer raschen Abkühlung unterzogen, kann es wegen der geringen Wärmeleitung ebenfalls zu lokalen Temperaturunterschieden und mechanischen Spannungen kommen. Vor allem beim raschen Abkühlen bilden sich an der Oberfläche Zugspannungen aus, die zu einem Bruch des Glases führen können.

Die Temperaturwechselbeständigkeit ist die Temperaturdifferenz zwischen heißem Probenkörper und einem Wasserbad bei Raumtemperatur, bei der 50 % der Proben erste Anrisse zeigen, wenn sie schnell in das Wasserbad getaucht werden.

Bei Glasartikeln hängt die Temperaturwechselbeständigkeit u. a. vom Glastyp und von der Geometrie (Form, Größe und Wandstärke), dem Oberflächenzustand, dem inneren mechanischen Spannungszustand und der abgeschreckten Fläche ab. Für Glasrohre aus Borosilicatglas Duran®, einem besonders temperaturwechselbeständigen Glas, liegt dieser Wert im Bereich von 140–220 °C, für Kalknatron-Silicatglas deutlich darunter.

2.2.2 Glas-Verpackung für Getränke und Lebensmittel

Glas ist der ideale Werkstoff, um Lebensmittel und Getränke aufzubewahren: Es ist durchsichtig, porenfrei und damit leicht zu reinigen, es ist chemisch stabil und gasdicht, verändert demnach die Zusammensetzung und den Geschmack der aufbewahrten Lebensmittel nicht, und es kann relativ leicht in vielfältigen Formen hergestellt werden.

Als Behälterglas hat Glas eine hohle Form, daher auch der Begriff *Hohlglas.* Unter Hohlglas fasst man sowohl das

Flaschenglas als auch Konservengläser (sog. *Verpackungsgläser*) zusammen. Verpackungsgläser werden aus Kalknatron-Silicatglas gefertigt, wobei bei empfindlichen Getränken und Lebensmitteln durch Eisen- oder Chromzugabe eine Braun- bzw. Grünfärbung als Lichtschutz erzeugt wird (vgl. Abschn. 1.6.5).

Als *Kristallglas* und *Hauswirtschaftsglas* werden Glasartikel für den Haushalt wie beispielsweise Trinkgläser, Vasen oder Glasschüsseln ebenfalls zu den Hohlgläsern gezählt. Hier kommen neben den Kalknatron-Silicatgläsern auch Borosilicatgläser wegen ihrer höheren Temperaturbeständigkeit zum Einsatz (sog. Jenaer Glas®). Für prunkvolle Trinkgläser wurde früher Bleisilicatglas verwendet, das wegen seines höheren Brechwertes für einen besonderen Glanz und brillante Farbreflexe geschätzt wurde. Um die Verwendung des Schwermetalls Blei zu vermeiden, wird es in heutigen Glaskompositionen durch Barium oder Titan ersetzt.

Im Jahr 2018 stellte die deutsche Glasindustrie 4,1 Mio t Hohlglas her. Auf Behälterglas entfielen hiervon 4,06 Mio t (99 %), auf Kristall- und Wirtschaftsglas 40 Tsd. t (1 %). Insgesamt wurde 2018 in Deutschland Hohlglas im Wert von 2,44 Mrd EUR produziert.

Als Massenprodukt setzte sich die Getränkeflasche erst in den letzten Jahrhunderten durch. Weinflaschen aus Glas sind seit dem 15. Jahrhundert bekannt. Allerdings lösten erst Mitte des 19. Jahrhunderts die Mineralwasserflasche und die Bierflasche die bis dahin üblichen Krüge aus Keramik ab. Um eine Wiederverwendung der Flaschen sicherzustellen, wurde das Pfandsystem eingeführt. Später erleichterte eine Normierung der Flaschentypen die Mehrfachverwendung zwischen verschiedenen Brauereien und Abfüllbetrieben. Pfandflaschen werden bis zu 50-mal befüllt, bevor sie aus dem Verkehr gezogen werden. Am Beispiel der Perlenflasche wird deutlich, wie die Formgebung den Gebrauchsnutzen der Flasche steigert: die perlenartigen Ornamente assoziieren sofort ein kohlesäurehaltiges Getränk, die schmale Flaschentaille gibt einen sicheren Griff und der verstärkte Flaschenboden und die untere Seitenwand schützen stark beanspruchte Flächen.

Abb. 2.2 Weckgläser

Wegen des hohen Innendrucks bei der Flaschengärung werden Sektflaschen mit verstärkter Wandung und dem typischen Hohlboden gefertigt und aus Sicherheitsgründen nicht wiederverwendet.

Die Formgebung von Hohlglasprodukten kann auch zum Sinnbild einer Marke werden. 1915 ließ sich die Coca Cola Company ihre heute berühmte Flaschenform schützen, um für Nachahmerprodukte eine zusätzliche Hürde aufzubauen. 1903 begann in Deutschland die Produktion von speziellen Konservengläsern, deren Glasdeckel mit einem Gummiring wiederverschließbar waren. Die Behältnisse dienten der Vorratshaltung durch Einkochen im Haushalt. Der Name des Unternehmers, Johann Weck, und sein Logo auf den Weckgläsern (s. Abb. 2.2) prägten den Begriff „Einwecken" für diese Form der Lebensmittelbevorratung bis heute.

2.2.3   Gläser für Labor und Industrie

2.2.3.1 Laborgeräte

Da Glas im Vergleich mit anderen Materialien wie Metallen und Kunststoffen eine sehr gute chemische Beständigkeit gegenüber verschiedenen reaktiven angrenzenden Medien besitzt, werden spezielle Glasartikel häufig im Labor eingesetzt. Bereits die Alchemisten im Mittelalter verwendeten Glasgefäße, um darin Stoffe miteinander reagieren zu lassen oder Flüssigkeiten zu destillieren. Ärzte benutzten Urin-Gläser für die weit verbreitete Harnschau, wobei man aus der Farbe des Urins Krankheiten ablesen zu können glaubte.

Mit der Erfindung von Spezialgläsern wie dem Borosilicatglas wird Glas zum bevorzugten Material in Laboren. Reagenzgläser, Bechergläser, Kolben, Destilliergeräte, Kühler, Filter, Rührer, Thermometer und Messgeräte für Flüssigkeiten vielfältiger Art bestehen heute aus Borosilicatglas. Diese widerstehen dem Angriff der Chemikalien, sind bis ca. 550 °C formbeständig und halten rasche Temperaturwechsel aus (s. Abb. 2.3).

Geräte aus Borosilicatglas finden heute eine breite Anwendung in den Laboratorien für Forschung und Entwicklung sowie bei Untersuchungen aller Art, aber auch in der Verfahrenstechnik. Die Standardausstattung beginnt bei den Reagenzgläsern, aber auch Becher und Kolben, Volumenmessgeräte (Messzylinder, Pipetten und Büretten), Filtriergeräte, Gaswaschflaschen und Reaktionsgefäße gehören dazu (s. Abb. 2.3). Weitere Anwendungen sind Kühler und Kondensatoren (Wärmeaustauscher), Destilliergeräte sowie Ventile für Flüssigkeiten und Gase. Abhängig von den jeweiligen Aufgaben der Labore sind diese mit speziellen Borosilicatglas-Apparaturen und Messgeräten ausgestattet, in denen die bei den chemischen Prozessen entstehenden Stoffe durch Glasteile geführt werden. Solche Glasapparate können zur Gasanalyse, zur Titrierung, zur Strömungsmessung von Flüssigkeiten und Gasen oder zur Molekulardestillation benutzt werden. Auch verfahrenstechnische Zusatzgeräte wie Rührwerke und Pumpen bestehen aus dem chemisch beständigen Borosilicatglas.

Abb. 2.3   Kollektion von Laborgläsern. (Bildrechte: SCHOTT AG)

2.2.3.2 Thermometer für jede Temperatur

In der zweiten Hälfte des 19. Jahrhunderts setzte eine umfassende naturwissenschaftliche Forschung ein. Die Anforderungen an die Genauigkeit von Messungen stiegen, auch an die für Temperaturen. Neue Gläser, vor allem von Otto Schott entwickelt, erlaubten die Herstellung von präzisen Thermometern für höhere und höchste Temperaturen bis zu 610 °C (s. Abschn. 1.2.4). Mit Thermometern aus Quarzglas und einer Füllung aus Gallium lässt sich der Messbereich sogar bis zu 1000 °C erweitern.

Thermometer kamen bis zum 2. Weltkrieg fast ausschließlich aus Thüringen; das Zentrum der Produktion war Ilmenau am Thüringer Wald. Glasbläser stellten dort bis ins 20. Jahrhundert in Heimarbeit vor allem Fieberthermometer her.

Der Glasbläser verarbeitete Glasrohre vor einem Leuchtgasbrenner, befüllte sie mit Quecksilber und entfernte die Luft durch Auskochen. Dabei entstanden Quecksilberdämpfe, die immer wieder zu Vergiftungen führten. Erst seit den 1930er-Jahren füllt man Thermometer gefahrlos in Vakuumfüllstationen. Anstelle des Quecksilbers werden heute ungefährliche Substanzen wie Alkohol in Flüssigkeitsthermometern eingesetzt, in vielen Bereichen wurde es allerdings komplett durch elektronische Thermometer verdrängt.

2.2.3.3 Elektrodengläser

Die Ionen-Leitfähigkeit von Gläsern spielt eine besondere Rolle bei den sog. *Elektrodengläsern.* Zur Steuerung chemisch-technischer Prozesse in der Trinkwasseraufbereitung, in der Medizin, in Molkereien und auf vielen anderen Gebieten spielt die Ermittlung des pH-Wertes eine große Rolle, da er ein Maß für die Wasserstoff-Ionenkonzentration und damit die Acidität bzw. Alkalinität von Lösungen darstellt.

Heute werden pH-Werte fast ausschließlich mittels Glaselektroden-Messketten ermittelt (s. Abb. 2.4). An der Grenzfläche zwischen Glasmembran (Dicke ca. 0,5 mm) und flüssigem Elektrolyten bilden sich elektrische Potentialdifferenzen aus. Die Spannung zwischen Glas und wässriger Lösung ist abhängig

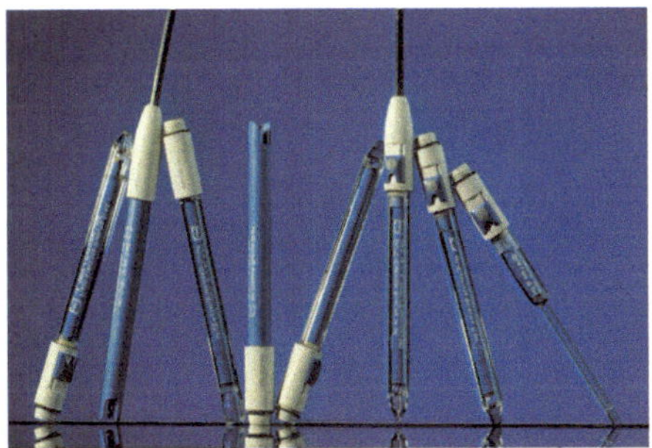

Abb. 2.4 Glaselektroden für die pH-Bestimmung im Labor. (Bildrechte: SCHOTT AG)

vom pH-Wert und bei bestimmten Glaszusammensetzungen auch von der Natriumionen-Konzentration der Lösung. Dieser Effekt wird bei der Messung des pH- bzw. pNa-Wertes einer Lösung mit Hilfe einer Glaselektrode ausgenutzt.

2.2.3.4 Glasanlagenbau

Historisch ist die Sparte des Glasanlagenbaus aus verschiedenen Teilen des Laborgerätebaus hervorgegangen. Der wesentliche Unterschied liegt darin, dass die behandelten und bewegten Stoffmengen in der Produktion um ein Vielfaches größer sind als die im Labor. Solche *Glasanlagen* wurden früher in halbtechnischen oder in Pilotanlagen eingesetzt, werden aber heute vermehrt auch großtechnisch in der Produktion aufgebaut. Die Glasteilehersteller haben dazu ein weitgehend modulares Baukastensystem erarbeitet, um auch komplizierte Anlagen, die aus vielen Einzelteilen oder Komponenten großer Abmessung bestehen (etwa lange Rohrleitungen mit vielen Verzweigungen), zu realisieren.

Die Borosilicat-Glasrohre sind bis zu einem Durchmesser von 1000 mm verfügbar, und es können so Gefäße mit einem Nutzinhalt von ca. 500 l hergestellt werden (s. Abb. 2.5).

Typische Anwendungen finden Glasrohrleitungen beliebiger Länge z. B. beim Transport von Abwässern oder Gasen innerhalb und außerhalb von Gebäuden, in Rohrschächten, Kanälen

Abb. 2.5 Kolonnenschuss. (Bildrechte: SCHOTT AG)

oder auch in der Erde. Anlagen der chemischen Verfahrenstechnik bestehen aus kugel- oder zylinderförmigen Großgefäßen,
wobei die Bauteile eine Höhe von 20 m haben können oder einen
Durchmesser von 1 m.

Diese sog. Kolonnen dienen zum Stoff- und Wärmeaustausch
zwischen aufsteigenden Dämpfen und herabrinnenden Flüssigkeiten und erhalten im Allgemeinen kleine Glasrohrstücke zur
Vergrößerung der Kontaktflächen zwischen den strömenden
Medien und der Berührungszeit. Der Stoffdurchsatz kann bis zu
einigen Tonnen pro Stunde betragen. In der pharmazeutischen
Produktion werden Glasanlagen insbesondere zur Extraktion
und Destillation von Wirkstoffen sowie zur Rückgewinnung

von Lösungsmitteln eingesetzt. Rektifizierkolonnen werden in Alkoholbrennereien zur Reinigung und Konzentration des Brandweins verwendet. Weit verbreitet sind Glasrohrleitungen in der Getränkeproduktion, in Melkanlagen, bei der Herstellung von Aromastoffen sowie bei speziellen Erzeugnissen der Nährmittelindustrie. Weitere Anwender von Borosilicatglas-Apparaturen sind in der Galvano-Technik und in der Textilveredlung zu finden.

2.2.4 Gläser für Pharmazie und Medizin

Parfüms und Arzneimittel bewahrten schon die Ägypter seit 3000 v. Chr. in Flaschen aus Glas auf. Funde bei Waldglashütten aus dem Mittelalter zeigen die große Bedeutung des Glases für die Medizin. Heute füllt die Arzneimittelindustrie die meisten Medikamente in Ampullen und Fläschchen aus Glas ab. Allerdings unterscheidet sich dieses Glas von dem der frühen Glasmacher. Borosilicatgläser garantieren, dass der Inhalt nicht durch Glasbestandteile verunreinigt wird. Braungläser schützen durch ihre Färbung lichtempfindliche Medikamente. Ampullen werden aus gezogenen Glasrohren, Fläschchen aus Rohren oder direkt aus der Schmelze hergestellt.

Auf Grund der glastypischen Eigenschaften wie hohe chemische Beständigkeit und hohe Transparenz setzt die pharmazeutische Industrie den Werkstoff Glas als Verpackungsmaterial in Form von Ampullen, Fläschchen und Spritzen für einen Großteil ihrer Präparate ein (s. Abb. 2.6). Ampullen werden aus Rohrglas durch Umformen gefertigt, wobei die Rohre eine Länge von bis zu 1,5 m sowie verschiedene Durchmesser und Wandstärken besitzen. Fläschchen können sowohl aus Rohren als auch direkt am Schmelzofen (Hüttenfläschchen) hergestellt werden.

Die gesetzlichen Regelungen, die sog. Pharmakopöen (Europäisches und Deutsches Arzneimittelbuch), schreiben vor, dass Medikamente, die durch Injektion oder Infusion verabreicht werden (sog. Parenteralia) nur in Behältnisse abgefüllt werden dürfen, deren hydrolytische und chemische Oberflächenresistenz die hohen Anforderungen der Beständigkeitsklasse 1 erfüllen.

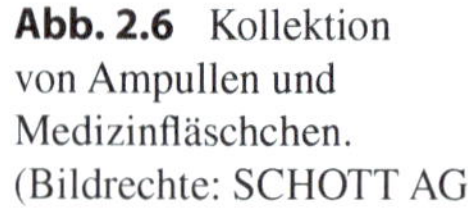

Abb. 2.6 Kollektion
von Ampullen und
Medizinfläschchen.
(Bildrechte: SCHOTT AG)

Die Industrie entwickelte entsprechende Borosilicatgläser (z. B. Fiolax® der SCHOTT AG), die in unterschiedlichen Farben erhältlich sind. Diese Gläser enthalten weniger Borsäure als Duran®, dafür aber mehr Alkalioxide sowie Calcium- und Bariumoxid. Fiolax® braun enthält zudem Bestandteile von Eisen- und Titanoxid. Diese Gläser sind wegen ihrer hohen Beständigkeit vorzüglich als Pharmaverpackungsmaterial geeignet. Die braungefärbten Fiolax® Glassorten werden dann verwendet, wenn die pharmazeutischen Präparate gegen Licht (insbesondere UV) geschützt werden müssen.

Für extrem empfindliche pharmazeutische Wirkstoffe wird auf die Behälterinnenfläche zusätzlich eine dünne glasartige Schutzschicht aufgebracht. SCHOTT Type I plus® besitzt eine sehr gute Beständigkeit, auch gegenüber Laugenangriffen, und ist so als Verpackung für hochempfindliche Arzneimittel geeignet.

Für weniger empfindliche Präparate wird Illax® Glas eingesetzt, ein Borosilicatglas mit geringerem Borgehalt als Fiolax®, das mit Eisen- und Manganoxid eingefärbt ist. Es findet Verwendung in Trinkampullen und als Behältnis für Tablettenröhrchen mit licht- und luftempfindlichen Inhalten.

2.3 Optik

2.3.1 Einleitung

Bereits bei oberflächlicher Betrachtung fallen auch dem Laien die *optischen Eigenschaften* von Glas sofort auf: Glas ist meist durchsichtig und klar, es hat eine hohe Transmission für das sichtbare Licht. Einige Gläser erscheinen in der Durchsicht gefärbt, d. h., sie zeigen Absorption für Licht bestimmter Farbe. Und Glas kann, z. B. als Prisma geformt, Licht ablenken. Diese Brechung des Lichtes geht mit einer Farbzerlegung des weißen Lichtes einher, man spricht von Dispersion.

Transmission, Absorption, Brechung und Dispersion sind die wichtigsten optischen Eigenschaften von Glas, die beim Einsatz in optischen Instrumenten wie Teleskopen, Kameraobjektiven oder Mikroskopen eine entscheidende Rolle spielen. Hier kommen spezielle, sog. optische Gläser mit wohldefinierten Eigenschaften zum Einsatz. Um die unterschiedlichsten Anforderungen der Optik für abbildende optische Systeme zur erfüllen, stehen heute mehr als 200 optische Gläser zur Verfügung (s. Abb. 2.7).

Abb. 2.7 Beispiele optischer Gläser. (Bildrechte: SCHOTT AG)

Die in den optischen Glaskatalogen aufgelisteten Glastypen zeichnen sich durch folgende Besonderheiten aus:

- genau festgelegte Werte für die Lichtbrechung bei unterschiedlichen Wellenlängen (sog. optische Lage)
- ein möglichst großer Bereich der durch Gläser abgedeckten optischen Lagen.

Andere Eigenschaften können demgegenüber in den Hintergrund treten; unter Umständen nimmt man für eine bestimmte optische Lage sogar Nachteile wie einen leichten Farbstich oder geringere chemische Beständigkeit in Kauf.

Über Jahrhunderte mühten sich Wissenschaftler und Techniker, die vielfältigen Anforderungen der Optiker in ausreichendem Maß zu erfüllen, leider nur mit geringem Erfolg. Bedeutende Fortschritte gelangen Anfang des 19. Jahrhunderts Joseph von Fraunhofer (1787–1826) in Benediktbeuern. Der große Durchbruch wurde jedoch Ende des 19. Jahrhunderts durch Otto Schott (1851–1935) erzielt, der als Chemiker in Zusammenarbeit mit dem Physiker Ernst Abbe (1840–1905) in Jena Gläser mit ganz neuartigen Eigenschaften entwickelte und auch die Verfahren zur Herstellung dieser Gläser einführte.

2.3.2   Transmission und Absorption des Lichtes

Mit Licht bezeichnen wir einen bestimmten Bereich der elektromagnetischen Strahlung im Wellenlängenbereich von 380 nm (Blau) bis 780 nm (Rot). Strahlung größerer Wellenlänge bis ca. 10.000 nm bezeichnet man als Infrarotstrahlung (IR oder Wärmestrahlung). Bei kürzeren Wellenlängen (380–200 nm) spricht man von Ultraviolettstrahlung (UV). Viele Eigenschaften des Lichtes sind durch seine Wellennatur zu erklären.

Andererseits verhält sich Licht auch wie ein Strom von einzelnen Teilchen, den Photonen. Photonen des roten Lichtes (780 nm) besitzen eine Energie von ca. 1,6 e V, die des blauen eine Energie von ca. 3,3 e V.

Jedes Material ist – abhängig von seiner chemischen Zusammensetzung und Struktur – für Licht und andere Bereiche elektromagnetischer Wellen mehr oder weniger durchlässig. So ist normales Fensterglas im Bereich des sichtbaren Lichtes transparent, für ultraviolette und infrarote Strahlung aber nicht oder nur wenig durchlässig. Andererseits kann man sich mit diesem Fensterglas nicht ausreichend gegen Röntgenstrahlen schützen, weil es keine schweren, die Röntgenstrahlung absorbierenden Elemente enthält.

Die Durchlässigkeit eines Materials für elektromagnetische Strahlung ist eng mit den Eigenschaften der Atome und Moleküle verknüpft, aus denen das Material aufgebaut ist. Zum Verständnis der Wechselwirkung von Licht mit Materie muss die Teilchennatur des Lichtes berücksichtigt werden: Eine Lichtwelle wird repräsentiert durch Lichtteilchen (Photonen), die jeweils die Energie

$$E_{phot} = h \cdot \nu$$

besitzen. Dabei ist h das Plancksche Wirkungsquantum, ν die Frequenz der Lichtwelle.

Die Elektronen einzelner freier Atome oder Moleküle absorbieren nur bestimmte, sehr genau festgelegte Energieportionen E_{abs}. Wenn die Energie der einfallenden Strahlung E_{phot} nicht genau diesen festgelegten Energieniveaus E_{abs} entspricht, findet keine Absorption statt. Durch die Absorption versetzt die einfallende Strahlungsenergie die Atome oder Moleküle in einen angeregten Zustand, nach einer gewissen Zeit wird sie wieder abgegeben. Bei gebundenen Atomen oder Molekülen wie in Flüssigkeiten oder Festkörpern geschieht diese Energieabgabe meistens in Form von Wärme.

In einem Festkörper oder in einer Flüssigkeit sind die einzelnen Energieniveaus E_{abs} aufgrund der Wechselwirkung mit den benachbarten Atomen jedoch verbreitert und bilden im Extremfall sogar ausgedehnte Bereiche, die sog. Absorptionsbänder.

Glas mit seiner ungeordneten Struktur ist durchsichtig, da normalerweise im sichtbaren Bereich des Spektrums die Atome oder Moleküle, aus denen das Glas aufgebaut ist, nicht angeregt werden (s. Abb. 2.8). Die Elektronen sind so fest gebunden, dass

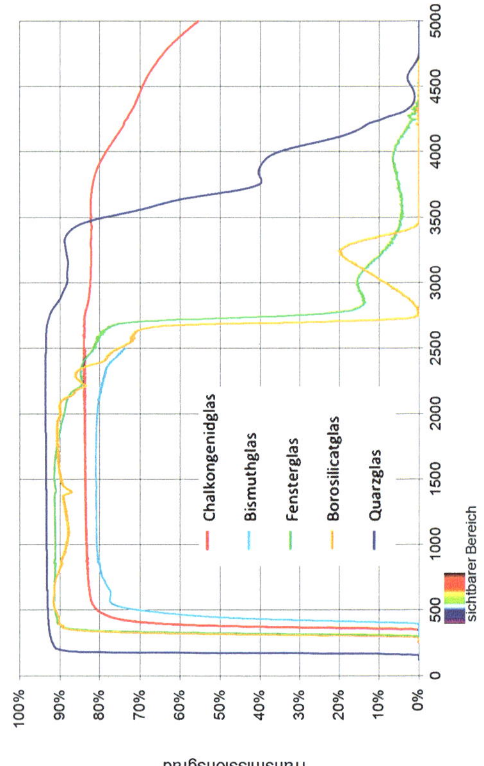

Abb. 2.8 Transmissionsspektren ausgesuchter Gläser

die Wechselwirkung zwischen dem einfallenden Licht und den Elektronen unterbleibt. Wegen der starken Bindung der Elektronen gibt es keine freien Ladungsträger, sodass Glas in der Regel auch elektrisch nicht leitend ist. Metalle dagegen haben sehr viele frei bewegliche Elektronen und sind somit in einem äußerst breiten Wellenlängenbereich für Licht undurchlässig.

Erst das unsichtbare UV-Licht besitzt eine genügend hohe Energie, um Elektronen im Glas in nennenswertem Umfang anzuregen. Deswegen ist Glas im ultravioletten Bereich für Wellenlängen unter etwa 300 nm in der Regel nicht mehr transparent. Eine wichtige Ausnahme stellt Glas aus extrem reinem, synthetisch hergestelltem Siliciumdioxid dar, es ist noch bis ca. 160 nm für UV-Strahlung transparent.

Im infraroten Spektralbereich wird ein anderer Absorptionsmechanismus wirksam: Die Energie der Photonen ist dann zu gering, um Elektronen anzuregen. Je nach Energie bzw. Wellenlänge kann die einfallende Strahlung aber einige Moleküle im Glas zu Schwingungen anregen und dadurch absorbiert werden. Zu diesen Molekülen gehören die vieler Glasbildner wie die Oxide von Silicium, Bor, Phosphor und andere Komponenten wie Fluor oder Schwefel.

Schon Spuren von Übergangsmetallen wie Eisen, Kobalt, Chrom oder Mangan können die Lichttransmission von Gläsern signifikant beeinträchtigen. Damit keine unerwünschten Absorptionsstellen (vor allem im blauen Spektralbereich) auftreten, dürfen die Hersteller von optischem Glas nur Rohstoffe höchster Reinheit verwenden, und auch der Herstellungsprozess muss so ablaufen, dass keine Verunreinigungen in das Glas gelangen. Die Transmission wird ferner durch Inhomogenitäten und Spannungen gestört, die sich etwa als Schlieren bemerkbar machen.

▷ **Frage: Warum entsteht aus undurchsichtigen Rohstoffen transparentes Glas?**
Betrachtet man die Rohstoffe, aus denen Gläser erschmolzen werden (s. Abb. 2.9), so erscheint es wie ein Wunder, warum aus diesen undurchsichtigen Bestandteilen nach der Schmelze ein hochtransparentes Glas entsteht.

Abb. 2.9   Bestandteile optischer Gläser. (Bildrechte: SCHOTT AG)

Die Antwort auf diese Frage hat weniger mit der Transmission der beteiligten Materialien zu tun als mit ihrer Form. Die Rohstoffe liegen als Pulver vor. Pulver auch aus transparenten Materialien erscheinen undurchsichtig, meist weiß, so z. B. ein zu Pulverzucker zermahlener weißer Kandiszucker-Kristall. Auch fein gemahlenes Glaspulver erscheint weiß. Die vielen unregelmäßig geformten Pulverteilchen reflektieren einen Großteil des eintreffenden Lichtes in alle möglichen Richtungen. Nach vielfachen Reflexionen zwischen den Pulverteilchen erreicht das Licht den Beobachter, er sieht eine weiße körnige Struktur.

Die Bestandteile des Glases, Siliciumdioxid (Sand), Calciumcarbonat (Kalk) und Natriumcarbonat

(Soda), sind in ihrer ungemahlenen Form als Kristall meist transparent, zumindest durchscheinend (transluzent). So gesehen ist die Entstehung transparenten Glases weniger verwunderlich. Die hohe Transmission des Materials geht aus der oben beschriebenen Eigenschaft der in Glas fest gebundenen Elektronen hervor.

2.3.3 Lichtbrechung und Dispersion

Doch selbst das reinste und homogenste Glas mit der höchsten Transmission verändert das einfallende Licht: Es bremst seine Geschwindigkeit und lenkt es dadurch ab (s. Abb. 2.10). Diese *Lichtbrechung*, auch „Refraktion" genannt, wird demnach durch das Verhältnis der Lichtgeschwindigkeit im Vakuum und der Lichtgeschwindigkeit im Medium Glas bestimmt. Zur Berechnung des Brechungsindex n eines Glases ergibt sich daraus die Gleichung:

$$n = c/v.$$

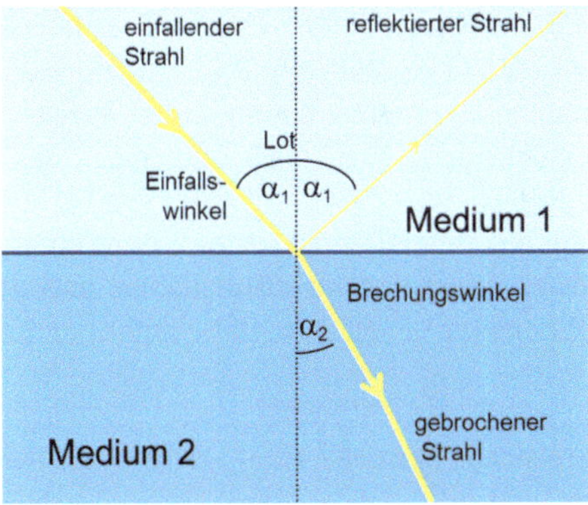

Abb. 2.10 Brechung eines Lichtstrahls beim Übergang in ein optisch dichteres Medium

Dabei steht c für die Lichtgeschwindigkeit im Vakuum, die ca. 300.000 km/s beträgt, und v für die Lichtgeschwindigkeit im Glas (v ist stets kleiner als c). Die Brechzahl n wird also immer größer als 1 sein.

Zwischen dem Einfallswinkel α_1 des einfallenden Strahls und dem Winkel α_2 des gebrochenen Strahls besteht nach dem Brechungsgesetz folgende mathematische Beziehung, wobei n_1 und n_2 die Brechzahlen im Medium 1 bzw. 2 bezeichnen:

$$n_1 \cdot \sin(\alpha_1) = n_2 \cdot \sin(\alpha_2).$$

Wenn ein Lichtstrahl aus der Luft (Brechzahl $n \approx 1$) unter dem Winkel α_1 auf ein optisches Glas mit der Brechzahl $n = 1{,}5$ auftrifft, wird er teils reflektiert und teils beim Eindringen in das Glas zum Lot hin gebrochen, der Winkel zwischen dem Lichtstrahl und dem Lot verringert sich.

Während die Lichtgeschwindigkeit im Vakuum für alle Wellenlängen gleich groß ist, hängt sie in optischen Materialien von der Wellenlänge ab. Mit der Wellenlänge ändern sich daher bei gleichem Einfallswinkel die Winkel des gebrochenen Strahls. Weißes Licht wird beim Durchtritt durch ein Glasprisma in die Spektralfarben zerlegt.

Dieses Verhalten wird *Dispersion* genannt und ist die Ursache für einen der lästigsten Abbildungsfehler in optischen Systemen, den man als *chromatische Aberration* bezeichnet: Das Abbild des Gegenstandes ist von farbigen Rändern umgeben.

Der Winkel eines reflektierten Strahls ist dagegen unabhängig von der Wellenlänge immer gleich demjenigen des einfallenden Strahls, die Reflexion ist daher völlig frei von Farbfehlern.

Der Anteil des reflektierten Lichtes nimmt mit der Brechzahl n des Glases zu, für senkrechten Einfall kann man den reflektierten Anteil R einer einzelnen Oberfläche mittels der Formel

$$R = (n-1)^2/(n+1)^2$$

einfach ausrechnen: Bei $n = 1{,}5$ liegt er bei 4 %, bei $n = 2$ schon bei mehr als 11 %.

2.3.4 Qualitätsmerkmale optischer Gläser

Für den Einsatz in optischen Instrumenten wie Mikroskopen, Kameraobjektiven und Teleskopen muss man die Eigenschaften der Gläser sehr genau kennen. Mithilfe aufwendiger Messverfahren ist es gelungen, die Bestimmung der Brechzahlen als Funktion der Wellenlänge auf bis zu 6 Stellen hinter dem Komma zu messen. Damit gehören optische Gläser zu den am genauesten charakterisierten Werkstoffen.

Darüber hinaus müssen die optischen Eigenschaften über möglichst große räumliche Abmessungen konstant sein; diese Forderung erfüllt das Glas durch seine Homogenität. Bei kommerziell verfügbaren optischen Gläsern beträgt die maximale Schwankung der Brechzahl je nach Homogenitätsklasse von $\pm 2 \cdot 10^{-5}$ bis hinab zu $\pm 5 \cdot 10^{-7}$. Außerdem dürfen sich die Brechzahlen nicht mit der Blickrichtung oder der Richtung des eintretenden Lichts ändern; dies gewährleistet die Isotropie von Glas. Durchsichtige Kristalle wie Saphire erfüllen diese Bedingung nicht. Gläser sind im Gegensatz zu Kristallen auch in ihren mechanischen Eigenschaften isotrop; sie weisen daher beim Schleifen und Polieren keine Vorzugsrichtungen auf. Durch die mechanische Isotropie der Gläser gestaltet sich ihre Bearbeitung vergleichsweise einfach.

2.3.5 Brechzahl und Abbe-Zahl

Da mit abnehmender Wellenlänge die Brechzahlen größer werden, genügt ein Wert allein nicht, um die Lichtbrechung eines optischen Glases zu charakterisieren (s. Abb. 2.11).

Man nimmt daher in der Regel drei Eckwerte: die mittlere *Brechzahl* der Bezugswellenlänge 587 nm (abgekürzt mit dem Buchstaben d) als Hauptbrechzahl sowie die größere Brechzahl im blauen Bereich bei 486 nm (benannt mit F) und die kleinere im roten bei 656 nm (benannt mit C).

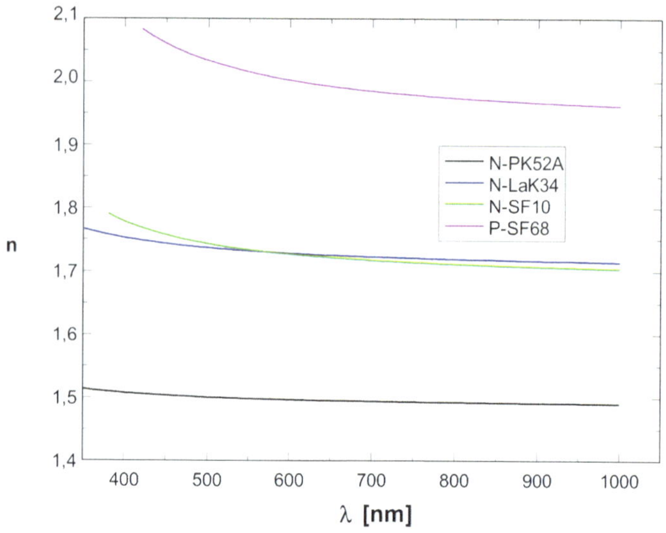

Abb. 2.11 Brechzahl in Abhängigkeit von der Wellenlänge für verschiedene Gläser

Aus der Differenz der Brechzahlen im blauen und roten Spektralbereich, also $n_F - n_C$. ergibt sich die Hauptdispersion.

Aus den drei Brechzahlen kann man eine wichtige Kennzahl gewinnen, die das Verhältnis zwischen Brechkraft und Dispersion eines optischen Glases charakterisiert, die sog. *Abbe-Zahl* ν_d:

$$\nu_d = (n_d - 1)/(n_F - n_C).$$

Ein Glas hat eine starke Dispersion, wenn die Abbe-Zahl klein ist und eine schwache bei großer Abbe-Zahl. Aus historischen Gründen nennt man Gläser mit einer großen Abbe-Zahl „*Krongläser*", solche mit kleiner Abbe-Zahl „*Flintgläser*".

Das Abbe-Diagramm (s. Abb. 2.12) stellt die wesentlichen Eigenschaften optischer Gläser dar: Jeder Punkt im Abbe-Diagramm bezeichnet ein Glas mit seiner optischen Lage, gekennzeichnet durch seine Brechzahl n_d und seine Abbe-Zahl ν_d.

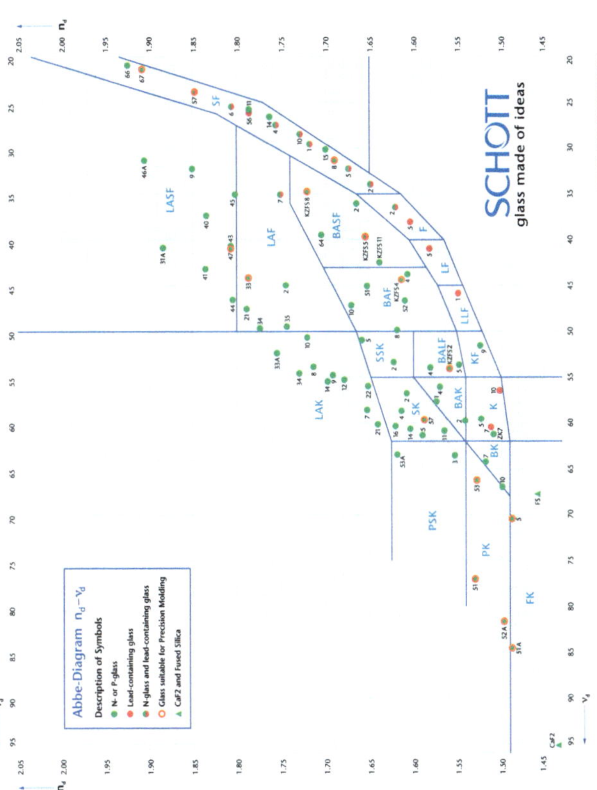

Abb. 2.12 Abbe-Diagramms. (Bildrechte: SCHOTT AG)

Außerdem sind die chemischen Zusammensetzungen optischer Glastypen (Glasfamilien) eingetragen.

Die Brechzahlen und das Dispersionsverhalten optischer Gläser können durch Anpassung ihrer chemischen Zusammensetzung in weiten Bereichen eingestellt werden; möglich sind Brechzahlen n_d von ca.1,4 bis größer 2,1 und Abbe-Zahlen zwischen 95 und 15.

Auffällig ist, dass die optischen Gläser im Abbe-Diagramm keineswegs „gleichmäßig" verteilt sind, sondern dass es große Bereiche ohne bekannte Glastypen gibt. Dies ist kein Zufall: Die Gläser „links oben" existieren nicht, weil die Schmelze hier nicht zu einem Glas, sondern zu einem Kristall erstarren würde.

▶ **Die mysteriösen „O"-Gläser** Glasexperten und Optik-Designer sprechen gerne von den „O"-Gläsern, wenn sie von dem idealen Glas für leistungsfähige Objektive sprechen. Sie denken dabei an ein Glas mit hoher Brechzahl und gleichzeitig hoher Abbe-Zahl. Aus dem oben Gesagten existieren solche Materialien leider nicht in Form eines Glases. Dieses wäre im Abbe-Diagramm (s. Abb. 2.12) im oberen linken Bereich angesiedelt. Weil seinerzeit in den üblichen Darstellungen des Abbe-Diagramms als Wandposter durch die Firma SCHOTT an dieser Stelle in großen Buchstaben der Firmenname angegeben war und das Wunschglas etwa an der Position des „O" in „SCHOTT" zu finden sein sollte, hat sich die Bezeichnung „O-Glas" für diesen Wunschtraum eingebürgert.

Ein optisches Glas wird oft mit einer Kombination aus Buchstaben und Zahlen gekennzeichnet, z. B. BK7. Die Buchstaben sind Hinweise auf Glasfamilien, deren Verwandtschaft in den wesentlichen chemischen Komponenten besteht (BK: Bor-Kron, FK: Fluor-Kron, PK: Phosphor-Kron, LaF: Lanthan-Flint, BaSF: Barytschwerflint; s. Tab. 2.2).

Wegen seiner besonders niedrigen Dispersion (Abbe-Zahl 81,6) wird das Fluorphosphatglas N-PK52A vor allem in Kombination mit anderen Gläsern zur Korrektur von Farbfehlern eingesetzt.

Tab. 2.2 Chemische Zusammensetzung und Kennzahlen der beiden Schott-Gläser N-SF66 und N-PK52A

	N-SF66 Hochbrechendes Flintglas	N-PK52A Kronglas
Chemische Bestandteile	Nb_2O_5 (40–50 %) P_2O_5 (20–30 %) BaO (20–30 %) TiO_2 (1–10 %) K_2O (1–10 %) ZnO (<1 %)	F (20–30 %) P_2O_5 (10–20 %) SrO (10–20 %) BaO (10–20 %) Al_2O_3 (1–10 %) CaO (1–10 %) MgO (1–10 %)
Brechzahl n_d	1,92286	1,49700
Abbe-Zahl ν_d	20,88	81,61
Transmission bei $\lambda = 400$ nm und 10 mm Probendicke	0,504	0,997
Transformationstemperatur T_g	710 °C	467 °C
Koeffizient der thermischen Längenausdehnung (–30 °C bis +70 °C)	$5{,}9 \cdot 10^{-6}$ K^{-1}	$13{,}0 \cdot 10^{-6}$ K^{-1}

Genauer als die traditionelle Klassifizierung durch die Buchstaben-Kennzeichnung nach der chemischen Zusammensetzung ist jedoch der heute international gültige Glascode GC (s. Tab. 2.3). Er gibt die optischen Eigenschaften in einer sechsstelligen Ziffernfolge an, die sich aus der Hauptbrechzahl $(n_d - 1) \cdot 1000$ und der Abbe-Zahl $\nu_d \cdot 100$, jeweils auf drei Stellen

Tab. 2.3 Beispiele für die Kennzeichnung optischer Gläser nach dem internationalen Glascode (GC)

Glastyp	n_d	ν_d	Dichte (g/cm³)	Glascode	Bemerkung
N-SF6	1,80518	25,36	3,37	805254.337[*]	Blei- und Arsen freies Glas
SF6	1,80518	25,43	5,18	805254.518	Klassisches Bleisilicatglas

[*]Die letzte Stelle von ν_d auf 4 gerundet

gerundet, zusammensetzt. Ergänzend wird oft auch die Dichte beziffert und in den Dezimalstellen an den Glascode angefügt.

2.3.6　Optische Systeme

Wegen der unvermeidbaren Dispersion optischer Gläser benötigen Konstrukteure optischer Systeme eine Vielzahl verschiedener Glassorten, um Abbildungen ohne Farbfehler zu gewährleisten. Darüber hinaus müssen in Objektiven im Allgemeinen weitere Abbildungsfehler korrigiert werden, insbesondere dann, wenn kompakte, leichtgewichtige Objektive gewünscht werden. Die Vielzahl der angebotenen optischen Glastypen eröffnet ein breites Spektrum von Möglichkeiten.

2.3.6.1　Achromatische Objektive

Da die Brechzahl von Gläsern mit abnehmender Wellenlänge zunimmt, also Dispersion auftritt, kann man mit nur einer Linse kein farbfehlerfreies Bild erzeugen. Mit einem Linsen-Paar aus zwei verschiedenen Glastypen, das möglichst unterschiedliche Dispersionen, also weit auseinander liegende Abbe-Zahlen kombiniert, lassen sich die Farbfehler weitgehend korrigieren. Es bleiben aber kleinere Restfehler, weil die Dispersionskurven zweier optischer Gläser $n_1(\lambda)$ und $n_2(\lambda)$ sich im Allgemeinen nicht mithilfe einer linearen Formel ineinander überführen lassen.

Mit der Entwicklung von neuen Glaszusammensetzungen wie dem besonders niedrig brechenden Fluorphosphatglas N-PK52A ist man dem Ziel der Beseitigung von Farbfehlern und weiterer Abbildungsfehler mittlerweile jedoch schon sehr nahe gekommen. Die Verfügbarkeit von Spezialgläsern mit außergewöhnlichen Dispersionseigenschaften ist eine maßgebliche Voraussetzung für kompakte und leichte optische Systeme für Digitalkameras oder Teleobjektive, in denen kein Platz für aufwendige Linsenkombinationen ist.

2.3.6.2 Low-T$_g$-Gläser für asphärische Linsen

Die meisten Linsen in optischen Geräten sind sog. *sphärische Linsen*, ihre Oberflächen haben die Form von Kugelschalen. Die höchste Abbildungsgüte erreicht man aber mit asphärischen, d. h. nicht kugelförmigen Linsen. Dass die sphärische Linsenform dennoch oft bevorzugt wird, hat praktische Gründe: Optische Systeme aus sphärischen Linsen lassen sich einfacher berechnen als solche mit asphärischen Oberflächen, dies spielte vor allem vor dem Computerzeitalter eine entscheidende Rolle. Zudem können Kugellinsen durch Schleifen und Polieren in speziellen Verfahren kostengünstig in großen Stückzahlen hergestellt werden.

Durch die Kombination mehrerer sphärischer Linsen kann man die Restfehler der Abbildung minimieren, wenn auch nie ganz vermeiden. Doch werden die optischen Systeme dadurch größer. Nachdem von den heute in Digitalkameras oder Mobiltelefonen eingesetzten Objektiven sowohl Kompaktheit als auch eine hohe Abbildungsgüte verlangt werden, müssen *asphärische Linsen* zum Einsatz kommen. Abb. 2.13 zeigt den Schnitt durch ein modernes Fotoobjektiv mit exzellenter Korrektur aller Bildfehler, der Pfeil kennzeichnet die Lage der asphärischen Linsenfläche.

Abb. 2.13 Schnitt durch ein modernes Fotoobjektiv. (Bildrechte: Leica Camera AG)

Da asphärische Linsen in der herkömmlichen Fertigung sehr aufwendige und zeitintensive Schleif- und Polierprozesse erfordern, stellt das seit den 1970er-Jahren zu ihrer schnellen und kostengünstigen Herstellung entwickelte Präzisionspress-Verfahren (Blankpressen) eine technische Revolution dar (s. Abb. 2.14).

Ein speziell dafür entwickeltes Glas wird unter Verwendung einer extrem präzise gefertigten Pressform mit einer Oberfläche in optischer Qualität versehen, die nicht mehr durch Polieren nachbearbeitet werden muss. Damit der Pressprozess bei nicht allzu hohen Temperaturen überhaupt möglich ist, müssen optische Gläser zur Verfügung stehen, deren Transformationstemperatur T_g im Bereich zwischen etwa 350 und 550 °C liegt; diese sog. Low-T_g-Gläser erweichen bei bedeutend niedrigerer Temperatur als die meisten anderen Gläser.

Natürlich sollen Low-T_g-Gläser ähnliche Bereiche im Abbe-Diagramm abdecken wie die klassischen optischen Gläser. Mit recht ungewöhnlichen chemischen Glas-Zusammensetzungen erreicht man dieses Ziel: Der eher hochschmelzende Glasbildner Siliciumdioxid SiO_2 wird ganz oder teilweise durch andere, niedrigschmelzende Glasbildner wie Boroxid B_2O_3 oder Phosphorpentoxid P_2O_5 ersetzt.

Erst durch diese neuen Glastypen in Verbindung mit einer umfangreichen Verfahrensentwicklung – dabei spielen die Pressformen und ihre Beschichtung eine entscheidende Rolle – konnten

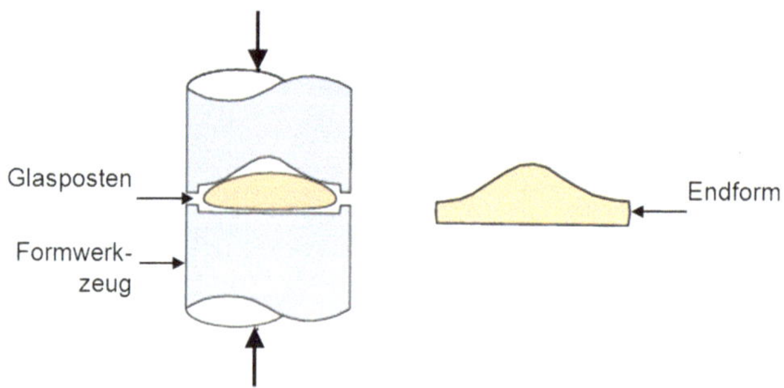

Abb. 2.14 Blankpressprozess für asphärische Linsen

die hohen optischen und mechanischen Anforderungen an sehr leistungsfähige und zugleich kostengünstige Objektive für Digitalkameras erfüllt werden.

2.3.7 Lichtleitfasern

Bei Lichtleitfasern, die schwer zugängliche Räume ausleuchten, Bilder übertragen und Informationen der Telekommunikation (vgl. auch Abschn. 2.8) über lange Strecken transportieren, sind optische Gläser so miteinander kombiniert, dass Totalreflexion stattfindet. Sie bestehen aus einem Kern und einem Mantel. Das Kernglas besitzt eine größere Brechzahl als das Mantelglas. Deshalb wird das in den Kern eingetretene Licht an der Grenzfläche zwischen beiden vollständig reflektiert und ohne merkliche Verluste weitergeleitet (s. Abb. 2.15).

Bei Lichtleitfasern mit einem Durchmesser von 70 µm finden auf einer Strecke von einem Meter bis zu 1000 Totalreflexionen statt. Durch seine hohe Brechzahl stellt das umhüllende Mantelglas sicher, dass die Totalreflexion an der Grenzfläche des Kernglases von außen niemals gestört wird.

Dieses Prinzip wurde 1928 von dem Schotten John Logie Baird (1888–1946) als Patent angemeldet; Ende der 1950er-Jahre gelang es erstmals, brauchbare Lichtleitfasern einzusetzen.

Normale Lichtleitfasern werden nach dem Stab-Rohr-Verfahren hergestellt. Ein Rohr aus niedrigbrechendem Glas umgibt einen Stab aus einem hochbrechenden Glas. Beide werden

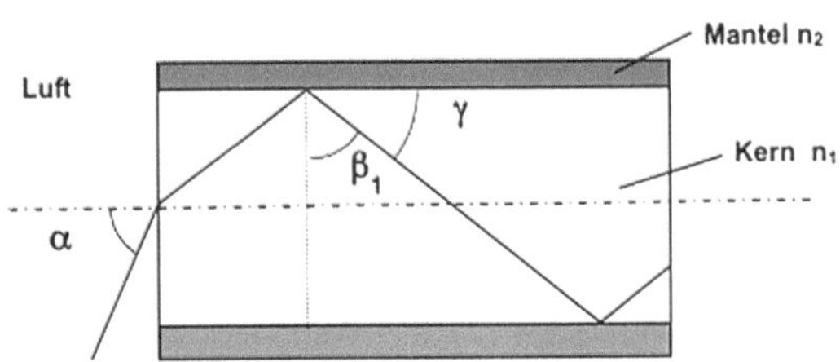

Abb. 2.15 Totalreflexion in einer Glasfaser

Abb. 2.16 Funktion eines bildgebenden Glasfaserbündels. (Bildrechte: SCHOTT AG)

zusammen in einem Ofen bis zum Erweichen erhitzt und zu Lichtleitfasern ausgezogen. Je nach Anwendung werden einzelne Fasern oder auch ganze Faserbündel zu einem Kabel konfektioniert.

Bildgebende Lichtleiter (oder auch *Bildleiter*) sind wie Lichtleiter-Faserbündel aufgebaut (s. Abb. 2.16). Bei der Herstellung sorgt man aber dafür, dass die Lage der einzelnen Fasern zueinander am Faserbündeleingang und am Ausgang exakt gleich ist. Das auf die Eingangsfläche eintreffende Bild wird exakt auf den Ausgang übertragen, es erscheint direkt auf der Ausgangsfläche.

Anwendung finden solche Faserbündel in der Endoskopie bei der Inspektion schwer zugänglicher Objekte, sei es bei medizinischen Anwendungen zur Erkundung innerer Organe oder aber auch in industriellen Anwendungen zur Beobachtung von Hohlräumen in Maschinen und Anlagen.

2.3.8 Aktive Gläser

Unter „aktiven Gläsern" werden in der Optik solche Gläser verstanden, die nicht nur in der Lage sind, Licht zu transportieren, sondern die auch selbst Licht erzeugen können.

Eine große Bedeutung haben dabei Gläser für die optische Verstärkung in Datenleitungen. Im Gegensatz zu früher, als die Zwischenverstärkung optischer Signale nur elektronisch möglich war und zwei optoelektronische Wandlungen – eine vor der Verstärkung und eine danach – benötigt wurden, ist es heute möglich, das optische Signal ohne Unterbrechung der optischen Datenstrecke durch spezielle Fasern zu verstärken.

Die Verstärkung funktioniert dabei nach dem Laserprinzip. In der Faser befinden sich Ionen, z. B. Erbium-Ionen, die zusammen mit ihrer chemischen Umgebung ein Drei-Niveau-System bilden.

Von außen wird mit Pumplichtquellen Energie in die Faser gepumpt, die das Ion vom energetischen Grundniveau in das obere Niveau heben (s. Abb. 2.17, Pos. 1). Durch einen strahlungslosen Übergang geht das Ion in einen langlebigen mittleren Zustand über (s. Abb. 2.17, Pos. 2), von dem aus es erst nach langer Zeit einen weiteren Übergang in den Grundzustand vollzieht oder dann, wenn es durch ein Photon derjenigen Energie, wie sie dem Unterschied der Energieniveaus des mittleren und des Grundzustandes entspricht, dazu angeregt wird (s. Abb. 2.17, Pos. 3). Bei diesem Übergang wird ein neues Photon erzeugt, das die gesamte dabei frei werdende Energie übernimmt und von daher energetisch (und darüber hinaus auch in

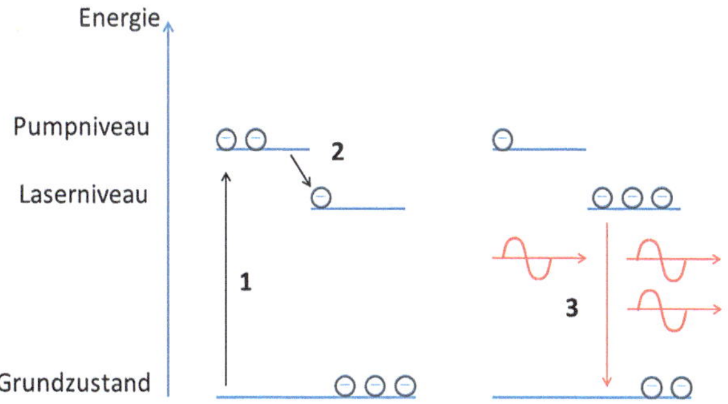

Abb. 2.17 Stark vereinfachtes Schema des Drei-Niveau Lasers

der Phase) zum anregenden Photon passt. Damit wird das einfallende Lichtsignal verstärkt (s. Abb. 2.17, rechte Seite).

Neben Erbium sind auch andere Seltenerdmetalle in der Lage, in Glassystemen die notwendigen scharfen Energiezustände mit geeigneten Abständen zu erzeugen. Die genaue Wahl von Ion und Glassystem hängt davon ab, welche Energie die zu erzeugenden Photonen besitzen sollen, mithin bei welcher Wellenlänge verstärkt werden soll.

Die Anwendung von aktiven Gläsern beschränkt sich nicht auf Faserverstärker. Gläser mit Seltenerdmetallen werden als Lasermaterial für verschiedene Festkörperlaser verwendet, insbesondere Neodym-dotierte Phosphatgläser (s. Abb. 2.18).

Die emittierte Laserstrahlung hat eine Wellenlänge von 1060 nm und kann beispielsweise bei der Werkstoffbearbeitung sowie in der Messtechnik eingesetzt werden. Eine weitere Anwendung finden diese Laser bei der Erzeugung eines Plasmas zur Kernfusion durch „Trägheitseinschluss"; ein Verfahren, das als Alternative zum Einschluss des Plasmas durch Magnetfelder diskutiert wird und damit möglicherweise bei der Energiegewinnung durch Kernfusion eine Rolle spielen wird (vgl. Abschn. 4.7).

Abb. 2.18 Verschiedene Ausführungsformen von Lasergläsern. (Bildrechte: SCHOTT AG)

2.3.9 Substrate für optische Anwendungen mit höchster Formkonstanz

In der Optik wie in vielen anderen Bereichen wird oft gefordert, dass ein Körper seine Abmessungen und Konturen unabhängig von der Umgebungstemperatur exakt beibehält.

Die Schlüsseleigenschaft der Glaskeramiken – die extrem niedrige Ausdehnung – wird entsprechend der Anwendungsgebiete unterschiedlich eingestellt. Für die Formtreue von Bauteilen ist das Temperaturintervall von $-50\,°C$ bis $+100\,°C$ zu betrachten, während für Hochtemperaturanwendungen das Intervall von Raumtemperatur bis $700\,°C$ abgedeckt werden muss. Im ersten Fall wird ein Ausdehnungskoeffizient von $+0{,}015 \cdot 10^{-6}\,K^{-1}$ garantiert, im zweiten ein Wert von $+0{,}15 \cdot 10^{-6}\,K^{-1}$.

2.3.9.1 Anwendungen in der Astronomie

Eine der treibenden Kräfte für die Entwicklung von Glaskeramiken mit „Nullausdehnung" war ihr möglicher Einsatz als Substrat für großformatige *Teleskopspiegel*. Teleskope bündeln das Licht weit entfernter Sterne und Galaxien, um sie mit hoher Lichtstärke abbilden zu können; dadurch werden auch schwach leuchtende Sterne sichtbar.

Die Teleskope sind relativ starken Temperaturschwankungen (Tag-Nacht-Wechsel) ausgesetzt, die zu Formverzerrungen des Spiegelträgersubstrats und somit zu Abbildungsverzerrungen führen. Substratmaterialien müssen daher entweder klimatisiert werden, oder es müssen lange Ausfallzeiten bis zur Temperatur-Equilibrierung in Kauf genommen werden. Substrate aus einer Glaskeramik mit thermischer „Nullausdehnung" liefern hingegen permanent verzerrungsfreie Bilder.

Mit dieser Vision wurde Ende der 1960er-Jahre die Glaskeramik Zerodur® für optische Anwendungen entwickelt (1973 konnten die ersten Spiegelträger mit 3,5 m Durchmesser gegossen werden). Der derzeitige Stand der Technik erlaubt den Guss monolithischer Spiegelträger bis zu einem Durchmesser

Abb. 2.19 8 m Zerodurspiegel. (Bildrechte: SCHOTT AG)

von 8 m (s. Abb. 2.19). Um zu noch größeren Teleskopen zu gelangen, müssen deren Hauptspiegel aus einzelnen Segmenten aufgebaut werden.

Im Jahr 2018 begann die SCHOTT AG mit der Herstellung der ersten von 798 sechseckigen Teilsegmenten des Hauptspiegels des Extremely Large Telescopes (ELT) für die Südsternwarte der ESO in Chile. 2024 soll dieses dann größte Spiegelteleskop der Welt u. a. bei der Erforschung extraterrestrischer Planeten eingesetzt werden (s. Abb. 2.20).

2.3.9.2 Anwendungen in der Optoelektronik

Die Glaskeramik Zerodur® kann in all den Anwendungsbereichen eingesetzt werden, die eine hohe Formtreue der geometrischen Abmessungen erfordern. Ein Beispiel dafür stellen die *Laser-Gyroskope* dar, die in Flugzeugen als Navigationshilfen die früheren Kreiselkompasse abgelöst haben. Ein Laser-Gyroskop beruht auf dem Sagnac-Effekt. Dazu wird ein Laserstrahl durch ein 3-eckiges oder 4-eckiges Rohrsystem in beiden Umlaufrichtungen geleitet. Bei einer Abweichung des Flugzeuges von der Geradeaus-Richtung entsteht eine Phasenverschiebung zwischen den beiden entgegengesetzt umlaufenden Strahlen, daraus lässt sich die neue Flugrichtung sehr genau bestimmen. Drei Gyroskope stellen die Orientierung im Raum sicher.

Abb. 2.20 Blick auf den 39 m durchmessenden Hauptspiegel des ELT (künstlerische Darstellung des Modellentwurfs). (Bildrechte: ESO/L. Calçada/ACe Consortium)

2.4 Architektur und Automobilbau

2.4.1 Einleitung

Es ist ein altes Anliegen der Menschheit, Behausungen durchsichtig und vor Witterungseinflüssen geschützt zu verschließen. Die Entwicklung von den ersten vereinzelt gefundenen Fensterscheiben in Pompeji bis zu heutigen Ganzglasfassaden von Hochhäusern ist bemerkenswert (s. Abb. 2.21). Erst die Massenfertigung hochwertigen Flachglases ermöglichte die moderne Glasarchitektur und den Einsatz großflächiger Glaselemente im Automobil- und Fahrzeugbau. Dabei gestatten komplexe Beschichtungsverfahren, Glasscheiben oberflächlich zu „veredeln", sie gezielt mit zusätzlichen Eigenschaften zu versehen und somit zu *„Funktionsgläsern"* umzuwandeln. Zu diesen Funktionen zählen Wärme- und Sonnenschutz, variable Lichtdurchlässigkeit, Entspiegelung (Antireflektion), elektrische Leitfähigkeit, Selbstreinigung, hohe Festigkeit etc.

Die jeweilige Anwendung erfordert Flachglasscheiben, die häufig auch mehrere Funktionen gleichzeitig erfüllen müssen.

Abb. 2.21 Kuppel des Reichstages in Berlin. Glaskuppel aus hoch transparentem, eisenarmen Floatglas, Sicherheitsverbundglas, $2 \times 12{,}5$ mm. (Bildrechte: Walburga Schaeffer)

Beispielsweise sollte die großflächige Fensterfront eines Foyers starken Windlasten widerstehen, eine gute Wärmedämmung besitzen, entspiegelt und weitgehend selbstreinigend sein. Eine Windschutzscheibe sollte einen hohen Widerstand gegen Steinschlag aufweisen, den Wärmeeintrag durch Sonnenstrahlung in den Fahrzeuginnenraum reduzieren und zum Enteisen oder zur Vermeidung des Beschlagens elektrisch leitfähig sein.

Im Folgenden werden die wichtigsten Funktionsgläser vorgestellt.

2.4.2   Glasspiegel

Zu den ältesten Funktionsgläsern zählen *Glasspiegel,* die erstmals von Plinius dem Älteren (23–79 n. Chr.) erwähnt und in Ägypten für das erste vorchristliche Jahrhundert bezeugt sind. Die reflektierenden Schichten dieser ersten Spiegel bestanden aus Zinn oder Blei. Im Mittelalter ging das Wissen um die antike Spiegelherstellung verloren, Glasspiegel wurden in dieser Zeit zur Rarität. In der Renaissance gelang es Glasmachern in Murano, spiegelnde Amalgam-Schichten (Quecksilber/ Zinn-Legierung) auf eine Kristallglasoberfläche aufzubringen. Sämtliche Gebrauchsspiegel sind als Rückflächenspiegel hergestellt: So schützt das Glas die reflektierende Metallschicht vor mechanischen Verletzungen (Kratzern) oder chemischen Reaktionen (Oxidation).Über ein Jahrhundert lang blieb der Standort Murano führend in der Spiegelglasherstellung.

Einen weiteren Fortschritt in der *Glasspiegelproduktion* stellt das unter Ludwig XIV. eingeführte Gussglas-Verfahren der Saint-Gobain-Manufaktur dar. Es erlaubte, große Flachglasscheiben und somit auch die großflächigen Spiegel herzustellen, mit denen die barocken Fürsten gern die Spiegelsäle ihrer Schlösser ausstatteten.

Im Jahre 1835 veröffentlichte Justus von Liebig ein Verfahren zur Nassversilberung von Glas, das eine industrielle Fertigung in Fürth einleitete und die Region Nürnberg zu einem bedeutenden Zentrum der Herstellung von Spiegelglas werden ließ. Dieses Verfahren löste aber erst zu Beginn des 20. Jahrhunderts das gesundheitsschädliche Amalgam-Verfahren vollständig ab. Das Silber-Verfahren beinhaltet drei Verfahrensschritte: Sensibilisieren, Versilbern und Verkupfern. Zur Sensibilisierung der Glasoberfläche wird eine Zinnchlorid-Lösung aufgetragen. Diese Vorbehandlung ist Voraussetzung für die gleichmäßige Haftung der nachfolgenden Silberbeschichtung. Beim Versilbern wird eine ammoniakalische Silbernitratlösung mit einer Reduktionslösung (z. B. Traubenzucker) versetzt, wodurch sich metallisches Silber auf der Glasoberfläche abscheidet (Dicke ca. 70 nm). Das Aufbringen einer Kupferschicht (Dicke ca. 35 nm), die elektrochemisch aus einer Kupfersulfatlösung abgeschieden wird, bewahrt die Silberschicht vor Oxidation („Anlaufen"). Abschließend wird die Kupferschicht durch eine Lackschicht (Dicke ca. 60 µm) geschützt. Das Versilbern von Flachglas erfolgt heute in kontinuierlich arbeitenden Anlagen, wobei die verschiedenen Lösungen aufgesprüht werden.

Silber besitzt von allen Metallen mit über 90 % das höchste Reflexionsvermögen, allerdings nur im sichtbaren und im infraroten Wellenlängenbereich. Dagegen weist Aluminium vom ultravioletten bis zum infraroten Bereich ein nahezu konstantes Reflexionsvermögen von ca. 85 % auf. Wesentlich schwächer ist das Reflexionsvermögen der Metalle Chrom, Eisen und Nickel mit ca. 60 %. Wegen des hohen Reflexionsvermögens von Silber werden die meisten Spiegel für den Innenarchitektur- und Sanitärbereich mit diesem Metall beschichtet. Eine neue wichtige Anwendung von Silberspiegeln stellen Parabolspiegel zur Fokussierung des Sonnenlichts in *solarthermischen Kraftwerken* (vgl. Abschn. 2.7.2) dar.

Mit Aluminium werden aufgrund seines wellenlängenunabhängigen Reflexionsvermögens bevorzugt Teleskopspiegel beschichtet. Chrom-Spiegel kommen dagegen bei Autorückspiegeln zum Einsatz, da diese wegen ihres geringeren Reflexionsvermögens die Blendwirkung von Scheinwerfern nachfolgender Fahrzeuge mindern.

2.4.3   Wärmeschutz- und Sonnenschutzgläser

Zur Energieeinsparung bei der Beheizung bzw. Klimatisierung von Gebäuden spielen Wärmeschutz- und Sonnenschutzgläser eine wichtige Rolle. Ein Fenster mit *Wärmeschutzglas* lässt die Sonnenstrahlung im Sichtbaren passieren, reflektiert jedoch die Wärmestrahlung aus dem Rauminneren, sodass weniger Raumwärme durch Abstrahlung verloren geht und somit im Winter möglichst viel Heizenergie eingespart werden kann.

Physikalisch formuliert: Ein Wärmeschutzglas sollte im sichtbaren Wellenlängenbereich (380 bis 780 nm) eine hohe Transmission bzw. eine kleine Reflexion aufweisen, im infraroten Spektralbereich (ca. 1 bis 20 µm) dagegen eine hohe Reflexion bzw. eine geringe Transmission. Die Effektivität der Wärmeisolierung einer Verglasung wird mittels des Wärmedurchgangskoeffizienten U_v gekennzeichnet (v = Verglasung). Er gibt an, welche Wärmemenge pro Flächen- und Zeiteinheit durch die Glasscheibe hindurchgeht (Dimension $W/(m^2 \cdot K)$ = Watt pro Quadratmeter und pro Grad Kelvin). Beispielsweise besitzt eine konventionelle *Isolierglasscheibe* (bestehend aus zwei Scheiben mit einem Luftzwischenraum von 12 mm) einen U_v-Wert von $3{,}0\,W/(m^2 \cdot K)$.

Durch das Aufbringen eines Schichtsystems zur Unterbindung des Strahlungsaustausches und durch Substitution der Luft im Zwischenraum durch die Edelgase Argon oder Krypton lässt sich der U_v-Wert auf $1{,}0\,W/(m^2 \cdot K)$ reduzieren (zum Vergleich: 30 cm dickes Mauerwerk hat einen U_v-Wert von ca. 0,5). Die Wärmeschutzschicht sollte dabei auf der Innenscheibe, und zwar auf ihrer zum Zwischenraum zugewandten Oberfläche aufgebracht werden (s. Abb. 2.22a).

Die Funktion eines Beschichtungssystems für *Sonnenschutzgläser* fordert, die Sonnenstrahlung im sichtbaren Bereich zu begrenzen. Die Transmission muss deshalb dergestalt reduziert werden, dass noch genügend Lichteinfall gewährleistet ist, der Eintrag der Sonnenenergie aber vermindert wird, also auch die nahen Infrarotanteile des Sonnenspektrums reflektiert werden. Das Schichtsystem wird im Gegensatz zu Wärmeschutzgläsern jetzt auf die Außenscheibe aufgebracht, und zwar auf die dem Zwischenraum zugewandte Seite (s. Abb. 2.22b).

Interessant ist, dass für beide Typen von Schutzgläsern Silber als hauchdünne (10 nm dicke) „Funktionsschlüsselschicht" in einem System von Schichten eingesetzt wird. Eine solch dünne Silberschicht wirkt beim Einsatz für den Wärmeschutz im sichtbaren Wellenlängenbereich kaum reflektierend, dafür aber im Infraroten (s. Abb. 2.23). Die Verdoppelung der Schichtdicke des Silberschichtsystems verbessert dagegen die Sonnenschutzfunktion durch Erhöhung der Reflexion im Sichtbaren und steigert zusätzlich die Reflexion im Infraroten noch weiter (s. Abb. 2.24).

Die übrigen Schichten dienen dem Schutz der Silberschicht vor Oxidation, der Verbesserung der Haftung und/oder der Entspiegelung sowie der Farbneutralität dieser Funktionsgläser.

Sonnenschutzgläser werden bevorzugt in Ganzglasfassaden bei Großgebäuden (insbesondere auf der Südseite) oder bei Glasdächern eingesetzt, um im Sommer den Klimatisierungsaufwand zu verringern. Sie finden auch Verwendung bei Autoverglasungen; hier sollen sie das Aufheizen der Fahrzeugkabine reduzieren.

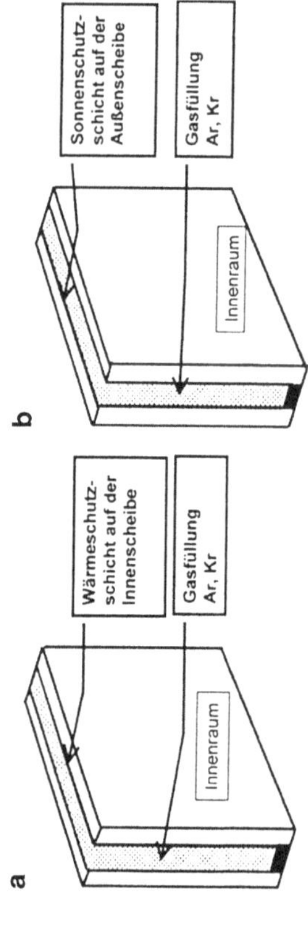

Abb. 2.22   Aufbau eines **a** Wärmeschutzglases, **b** Sonnenschutzglases. (Bildrechte: HVG Offenbach)

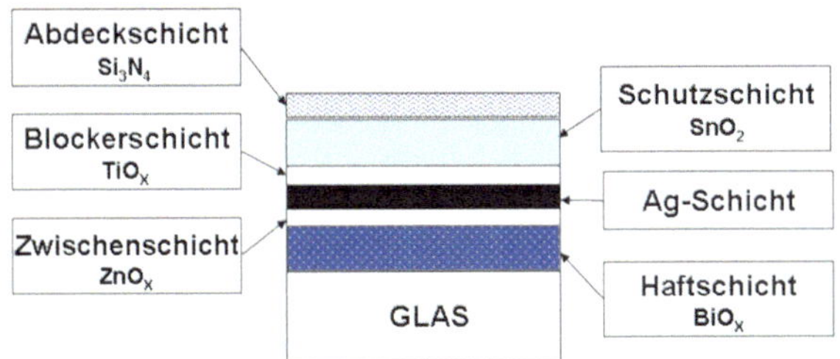

Abb. 2.23 Schichtaufbau bei einem Wärmeschutzglas. Lichtdurchlässigkeit (TL-Wert) = 78–81 %, Gesamtsonnenenergie-Durchlassgrad (g-Wert) = 60–64 %, Wärmedurchgangskoeffizient (U_v-Wert) = 1,0–1,1 W/(m$^2 \cdot$ K). (Bildrechte: Fortbildungskurs 2003 HVG Offenbach)

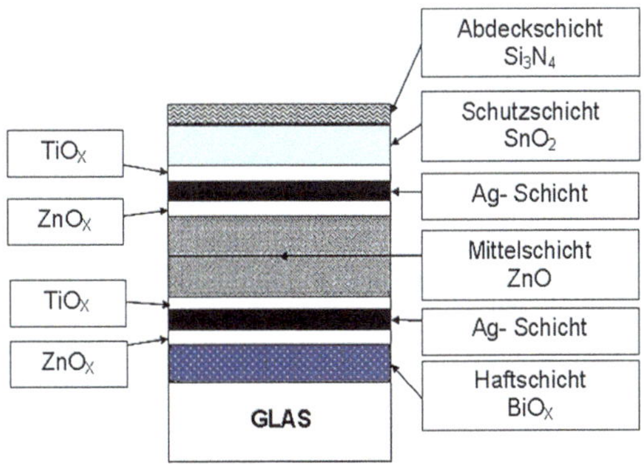

Abb. 2.24 Schichtaufbau bei einem Sonnenschutzglas, TL-Wert: 68–64 %; g-Wert: 32–34 %; U_v-Wert: 1,0–1,1 W/(m$^2 \cdot$ K). (Bildrechte: Fortbildungskurs 2003 HVG Offenbach)

2.4.4 Entspiegelte Gläser

Beim Betrachten von Gegenständen hinter einer Glasscheibe (bei Bildern, Brillengläsern, Vitrinen, Schaufenstern, Instrumentenabdeckungen) stört häufig die Spiegelung, d. h. die Reflexion des Lichtes an der Glasoberfläche. Bei senkrechtem Lichteinfall werden bei Verwendung eines Kalknatron-Silicatglases mit einem

Brechungsindex von 1,5 je 4 % des auffallenden Lichtes an der Vorder- und Rückfläche einer Glasscheibe reflektiert. Handelt es sich dagegen um ein hochbleihaltiges Glas (mit einem Brechungsindex von 1,8), erhöht sich die Reflexion von 4 auf 8 %.

Bei optischen Linsensystemen (Mikroskop, Fotoapparat, Fernrohr) beeinträchtigt die Reflexion deren Funktion insbesondere deshalb, weil dadurch die Lichtdurchlässigkeit herabgesetzt wird. Bei einem Objektiv, das aus 5 Linsen, also 10 optischen Begrenzungsflächen besteht, sinkt die Lichtdurchlässigkeit bereits auf ca. 60 %. Zusätzlich führen die Reflexionen zu Geisterbildern, also zu Mehrfachabbildungen vor allem heller Lichtquellen.

In der Optik bestand somit schon sehr frühzeitig ein Interesse daran, die Reflexion des Lichtes an Glasoberflächen zu reduzieren, um den Nutzlichtanteil zu erhöhen. Dies wird am einfachsten durch ein Beschichten der Glasoberfläche mit einem niedrig brechenden transparenten Material erreicht, beispielsweise mit Magnesiumfluorid (Brechungsindex 1,38). Die Reflexion wird damit auf 2,5 % herabgesetzt.

Eine weitere *Reflexionsminderung* lässt sich erzielen, wenn die Schichtdicke des Magnesiumfluorids auf 1/4 der Wellenlänge des Lichts im Medium dimensioniert wird. Für grünes Licht der Wellenlänge 550 nm im Vakuum ergibt dies für MgF_2 eine Schichtdicke von ca. 100 nm, da die zugehörige Wellenlänge in MgF_2 um den Faktor 1,38 geringer ist. Dabei löschen sich die reflektierten Lichtstrahlen an der Vorder- und Rückseite der MgF_2-Schicht wegen des Gangunterschieds von einer halben Wellenlänge durch Interferenz komplett, für Licht anderer Wellenlängen weitgehend aus. Somit können Reflexionsgrade von ca. 1 % im Sichtbaren erzielt werden, allerdings nur bei senkrechtem Lichteinfall.

Eine nahezu vollständige Entspiegelung über den gesamten sichtbaren Wellenlängenbereich (kleiner als 0,5 %) ist mit Interferenz-Mehrfachschichten aus niedrig- und hochbrechenden Beschichtungsmaterialien möglich (s. Abb. 2.25).

Abb. 2.25 Entspiegeltes Glas mittels Interferenzschichten, mittlere Scheibe entspiegelt, linke und rechte Scheibe normales Glas. (Bildrechte: SCHOTT AG)

Anstelle von Interferenzschichten lässt sich auch durch feines Aufrauen der Glasoberfläche mittels Feinätzung (sog. „Seidenmattierung", vgl. Abschn. 2.2.1 Ätzen von Glas) eine Entspiegelung bewirken. Die spiegelnde Reflexion geht dabei in eine diffuse über (die Lichttransmission wird aber nicht erhöht). Diese seidenmatt geätzten Gläser eignen sich zur Verglasung von Bildern nur bei direkter Auflage, da der mit dem Abstand des Objekts von der Glasscheibe schnell zunehmende Lichtstreueffekt Kontraste abschwächt.

2.4.5　Gläser mit elektrisch leitfähigen Beschichtungen

Dem elektrisch nichtleitenden Glas kann eine Oberflächenleitfähigkeit verliehen werden, wenn es mit entsprechenden elektrisch leitfähigen Materialien beschichtet wird. Viele Anwendungszwecke erfordern dabei, dass sich die elektrisch leitende Schicht nicht nachteilig auf die Transparenz des Glases auswirkt.

Diese Bedingung erfüllen transparente Indium-Zinn(6 %)-Oxid-Schichten (sog. *ITO-Schichten* − **i**ndium **t**in **o**xide), mit denen elektrische Leitwerte von 10^4 $(\Omega\text{cm})^{-1}$ bei einer Lichttransmission von über 80 % erreicht werden.

In Fahrzeugverglasungen wird ein großes Anwendungspotenzial für elektrisch leitende Beschichtungen gesehen, die insbesondere ein schnelles Abtauen von vereisten Windschutzscheiben bewirken und auch das Beschlagen der Scheiben unterbinden können. Eine wesentliche Voraussetzung dafür ist jedoch die Erhöhung der Bordnetzspannung auf 42 V, da das 12 V-Netz nicht ausreicht, um die erforderliche Heizleistung bereitzustellen. Denn bei noch akzeptabler Transmission dieser Gläser lassen sich keine entsprechend niedrigeren Flächenwiderstände erreichen, d. h., der bei 12 V resultierende Strom reicht nicht zur Aufheizung aus.

Eine bereits realisierte Anwendung von ITO-Beschichtungen stellen die Flüssigkristall-Displays (LCD − **L**iquid **C**rystal **D**isplay) dar. Der Displayaufbau besteht im Wesentlichen aus zwei

ITO-beschichteten Glasscheiben, zwischen die Flüssigkristalle eingebracht werden. Dabei erfüllen die ITO-Schichten (Dicke einige 100 nm) die Funktion von transparenten Elektroden, die es ermöglichen, elektrische Felder zur Ausrichtung der Flüssigkristalle aufzubauen.

2.4.6 Gläser mit variabler Lichtdurchlässigkeit

Ein erstes Verfahren zur Beeinflussung der Lichtdurchlässigkeit wurde in den 1960er-Jahren mit den phototropen Gläsern entwickelt (Borosilicatgläser, die mit ca. 0,5 % Silberchlorid erschmolzen wurden). Am bekanntesten sind diese Gläser als Sonnenschutzgläser in Brillen. Bei UV-Einstrahlung erfolgt eine Verdunkelung des Glases, die im Lichtschatten wieder rückgängig gemacht wird. Dieser Effekt beruht auf dem Phänomen der fotografischen Belichtung. Silberchlorid wird durch Lichteinfall zu metallischem Silber zersetzt, das wiederum zur Lichtstreuung und damit Transmissionsminderung führt. Durch Zuführung von Wärme oder Licht geringerer Energie rekombinieren Silber und Chlor in der Glasstruktur wieder zu Silberchlorid, sodass die ursprüngliche Transparenz wiederhergestellt wird.

Die Beschichtung von Glasoberflächen mit einem elektrochromen Schichtsystem erlaubt es, die Lichttransmission gezielt und je nach Bedarf zu verändern. Der *elektrochrome Effekt* beruht darauf, dass das Oxid eines polyvalenten Metalls (z. B. Wolfram) durch Wasserstoffionen mittels eines elektrischen Feldes reduziert wird. Dabei wird das sechswertige farblose Wolfram W^{6+} zum fünfwertigen blauen W^{5+} reduziert. Das Schichtsystem erfordert zum Anlegen des elektrischen Feldes transparente elektrisch leitende Schichten (ITO-Schichten) sowie eine Speicherschicht für die Wasserstoffionen.

Je nach Vorzeichen des angelegten elektrischen Feldes lässt sich das „Färben" oder „Bleichen" reversibel vollziehen; dabei werden Transmissionsänderungen zwischen 80 und 10 % erreicht. Elektrochrome Schichtsysteme finden im Fahrzeugbereich für abdunkelbare Sonnendächer und für sich automatisch

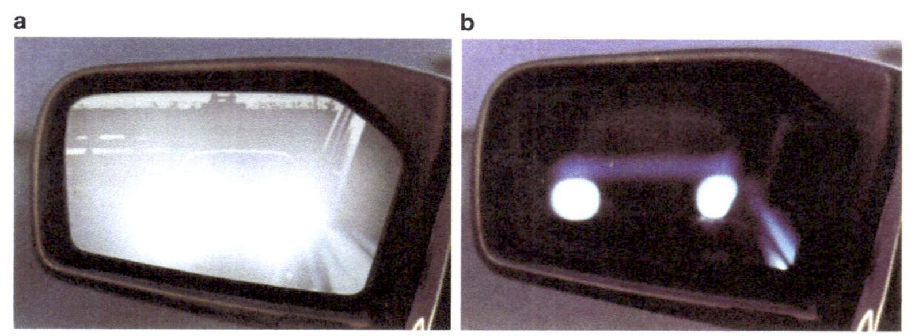

Abb. 2.26   Aufgeblendeter (**a**) und abgeblendeter (**b**) elektrochromer Außenrückspiegel. (Bildrechte: SCHOTT AG)

verdunkelnde blendarme Außenrückspiegel Einsatz. Für den Anwendungsfall des Rückspiegels muss das elektrochrome Schichtsystem vor einem Spiegel platziert sein, um als Lichtabsorber zu wirken (s. Abb. 2.26).

Im Fassadenbau mit großen Glasflächen ist der Durchbruch für elektrochrome Verglasungen zur Steuerung des Lichteinfalls noch nicht vollzogen.

Eine Transmissionsänderung kann auch mithilfe von Flüssigkristallen erzielt werden. Im Zwischenraum zweier Glasscheiben befinden sich Flüssigkristalle, die unausgerichtet das Licht streuen und somit die Scheiben undurchsichtig werden lassen. Wird ein elektrisches Feld angelegt, richten sich die Kristalle aus, die Glasscheiben werden durchsichtig. Derartige Glassysteme („privacy window") finden ihre Anwendung in der Innenarchitektur, beispielsweise zur optischen Abschirmung von Konferenzräumen.

2.4.7 Selbstreinigendes Glas

Eine wasserabweisende (hydrophobe) Beschichtung der Glasoberfläche bewirkt, dass Wasser die Glasoberfläche nicht benetzt. Es zieht sich zu kleinen Tröpfchen zusammen, die dann wiederum größere Tropfen bilden und somit schneller ablaufen (s. Abb. 2.27). Diese Beschichtungen basieren auf fluorierten Polymeren oder Silanen.

Wird zusätzlich noch die hydrophobe Beschichtung mikrostrukturiert (noppenförmige Erhöhungen im μm-Bereich), erhöht sich die Hydrophobie der Oberfläche weiter, und die anhaftenden Schmutzteilchen werden von den abrollenden Wassertropfen mitgenommen (Adhäsion der Schmutzteilchen zum Wassertropfen ist größer als die zur noppenförmigen Oberfläche) – man spricht vom „Selbstreinigungseffekt" oder auch vom *„Lotus-Effekt"*.

Auf ganz andere Art wird eine „Selbstreinigung" erreicht, wenn eine hydrophile (wasseranziehende) Beschichtung aufgebracht wird (s. Abb. 2.27). Die Hydrophilie der Oberfläche bewirkt, dass sich auftreffende Wassertropfen zu einem dünnen

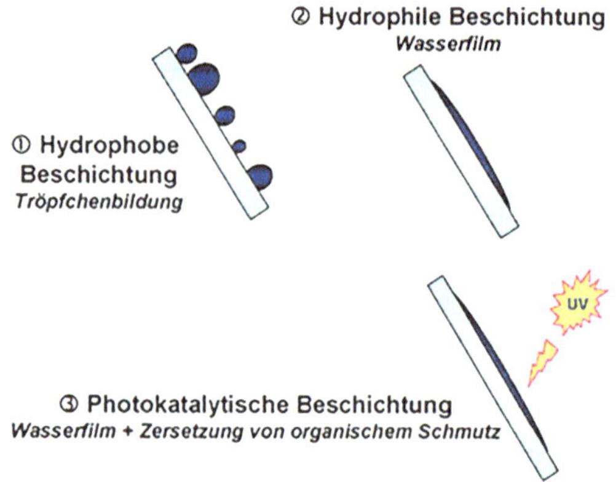

Abb. 2.27 Funktion einer hydrophoben (*1*), hydrophilen (*2*) und photokatalytischen (*3*) Beschichtung auf Glasoberflächen. (Bildrechte: Deutsches Museum München)

Wasserfilm ausspreiten (gute Benetzung) und somit anhaftende Schmutzpartikel unterspülen. Der Reinigungseffekt wird verstärkt, wenn die hydrophile Beschichtung mit einer photokatalytischen Schicht (z. B. TiO$_2$-Schicht) kombiniert wird, die mittels der UV-Strahlung des Sonnenlichts organische Schmutzteilchen auf der Glasoberfläche zersetzt. Die Rückstände werden von Regen oder durch Wasserspülung entfernt (s. Abb. 2.27). Derart beschichtete Flachgläser werden vorzugsweise im Fassadenbau und bei schwer zugänglichen Glasdächern verwendet, um den Reinigungsaufwand zu reduzieren.

2.4.8 Festigkeit

Die mechanische Festigkeit von Glas ist selten der Grund für den Einsatz dieses Werkstoffes, aber eine unerlässliche Voraussetzung für alle bisher beschriebenen Anwendungen.

Glas besitzt aufgrund seines hohen Elastizitätsmoduls eine *theoretische Festigkeit* von ca. 7 Giga Pascal (GPa). Im Labor werden an frisch gezogenen Glasfasern Zugfestigkeiten von

1 bis 3 GPa gemessen und damit die Zugfestigkeitswerte von hochfesten Stählen erreicht. Zur Veranschaulichung: Ein Glasfaden von 1 mm Durchmesser kann theoretisch mit dem Gewicht von 500 kg auf Zugspannung belastet werden.

Die „*praktische*" *Festigkeit* (Gebrauchsfestigkeit) liegt jedoch wie bei vielen Werkstoffen erheblich unter diesem Wert und beträgt bei einer Fensterscheibe ca. 70 Mega Pascal (MPa), also nur 1/100 des theoretischen Werts. Dies ist zurückzuführen auf das spröd-elastische Verhalten des Glases sowie auf seine strukturelle Homogenität. Mit bloßem Auge nicht erkennbare Kerbstellen und Mikrorisse auf der Glasoberfläche wirken stärker festigkeitsmindernd als bei anderen Werkstoffen, und zwar aus zwei Gründen:

a. Die Sprödigkeit des Glases verhindert – im Gegensatz zu metallischen Werkstoffen – einen Abbau von Zugspannungsspitzen im Kerbgrund durch plastisches Fließen während der Beanspruchungsdauer.
b. Die homogene Glasstruktur hält einen sich ausbreitenden Riss wegen der fehlenden Korngrenzen nicht auf.

Somit ist die Höhe der Zugspannung („Festigkeit"), die zum Versagen bei Glas-Werkstoffen führt (sog. Bruchspannung), kein Materialkennwert wie bei anderen Werkstoffen, sondern hängt in hohem Maße von der Beschaffenheit der Glasoberfläche ab, von der Anzahl und Tiefe der Risse. Eine frisch gezogene Glasfaser, die kaum Mikrorisse aufweist, erreicht deshalb Zugfestigkeiten, die sich nur wenig von der theoretischen Festigkeit unterscheiden. Jedoch entstehen schon nach einigen Minuten durch Wechselwirkungen mit dem umgebenden Medium (z. B. Luftfeuchte) feinste Risse oder bereits bestehende dehnen sich aus (im Vakuum lässt sich die Ausgangsfestigkeit aufrechterhalten!).

Zur Konservierung der Ausgangsfestigkeit versuchte man, die Glasoberfläche unmittelbar nach der Herstellung hermetisch zu versiegeln. Ein schwieriges Unterfangen, das beispielsweise eine langzeitstabile Beschichtung erfordert, die den Durchtritt von Wasserdampf und Gasen generell unterbindet. Dagegen hat sich als Verfahren zur Festigkeitssteigerung die Erzeugung permanenter Druckspannungen in der Glasoberfläche bewährt. Die eingebrachten Druckspannungen hemmen das Wachstum vorhandener bzw. die Entstehung neuer Risse, und die Gebrauchsfestigkeit – insbesondere von Flachglas – wird wesentlich erhöht: Das Glas ist somit „sicherer".

Sicherheitsglas gilt als eine Erfindung des 20. Jahrhunderts. Die Idee, Druckspannungen in die Oberfläche von Glasscheiben beispielsweise durch thermisches Abschrecken von heißem Glas einzubringen und so seine Festigkeit zu erhöhen, ist allerdings viel älter. Prinz Rupert vom Rhein entdeckte im 17. Jahrhundert, dass ein Tropfen einer Glasschmelze, den man in Wasser fallen lässt, zu einem tränenförmigen Gebilde mit einem abgeschmolzenen Fadenende erstarrt („Rupertstropfen" oder „Batavische Tränen" genannt; s. Abb. 2.28). Die Tropfen widerstehen sogar starken Schlägen mit einem Hammer. Wird jedoch das Fadenende getroffen oder mit einer Zange abgebrochen, so zerfällt der Tropfen schlagartig zu einem feinen Glaspulver. Dieses Phänomen ist darauf zurückzuführen, dass durch die schnelle Abkühlung des Glastropfens zwischen der Glasoberfläche und dem Glasinneren eine große Temperaturdifferenz entsteht. Die Glasoberfläche erstarrt zuerst und der heißere, weiche Kern kann der Kontraktion noch folgen. Während der anschließenden Abkühlung des Kerns zieht dieser sich weiter zusammen, die bereits erstarrte Hülle kann dem nicht mehr folgen und gerät unter Druckspannung, während der Glaskern nach dem Erkalten unter Zugspannung steht.

Die eingebrachte Druckspannung führt zu einer Steigerung der Festigkeit. Die gespeicherte Zugspannung im Inneren stellt jedoch eine „Zeitbombe" dar. Wird die Druckspannungszone durchstoßen, etwa durch Abbrechen des Fadenendes, so führt die freigesetzte Zugspannungsenergie zum Bersten des Glastropfens.

Die erste technische Umsetzung dieser Idee des *Thermischen Vorspannens* findet sich in einem Patent des Franzosen de la Bastie aus dem Jahre 1874, der Flachglas durch Abschrecken in Öl vorspannte – ein Vorläufer des heutigen Einscheibensicherheitsglases.

Abb. 2.28 Rupertstropfen – Demonstration des Prinzips des thermischen Vorspannens. (Bildrechte: Deutsches Museum München)

Der zunehmende Automobilverkehr zu Beginn der 1920er-Jahre mit entsprechend steigenden Unfallzahlen beschleunigte die Entwicklung von Sicherheitsglas. Um 1930 waren 65 % aller Verletzungen bei Verkehrsunfällen auf Glassplitter zurückzuführen, und die Notwendigkeit, die Verletzungsgefahr durch Autoscheiben zu mindern, wurde immer dringender.

2.4.8.1 Thermisch vorgespanntes Glas (Einscheibensicherheitsglas)

Kommerziell wird *Einscheibensicherheitsglas* (ESG) seit den frühen 1930er-Jahren hergestellt, ab 1932 wurde es in England für Windschutzscheiben zwingend vorgeschrieben.

Flachglasscheiben werden heute thermisch vorgespannt, indem sie auf ca. 630 °C aufgeheizt und dann durch Anblasen mit Luft (Luftdusche) schnell abgekühlt werden. Es baut sich ein parabelförmiges Spannungsprofil auf. Dabei ist die Oberflächendruckspannung dem Betrage nach etwa doppelt so hoch wie die maximale Zugspannung im Glaskern (s. Abb. 2.29 links). Die Breite der Druckspannungszone beträgt etwa 1/5 der Glasdicke. Eine vorgespannte Glasscheibe kann jetzt stärker gebogen werden. Sie bricht erst dann, wenn die Biegespannung an der

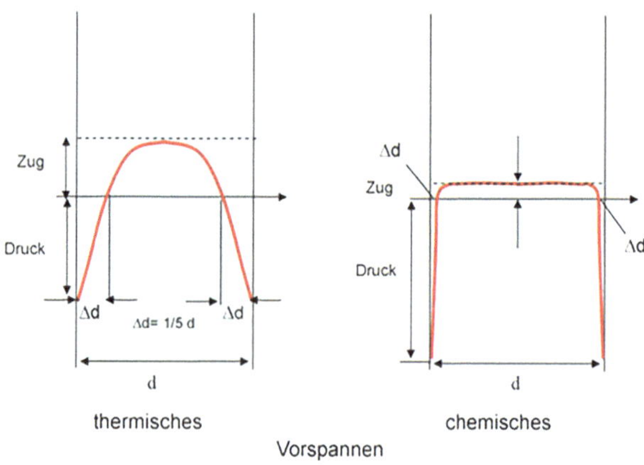

Abb. 2.29 Thermisch *(links)* und chemisch *(rechts)* vorgespanntes Glas

gekrümmten Außenfläche die Druckvorspannung übersteigt. Durch das thermische Vorspannen können Biegefestigkeiten von 150 bis 180 MPa erzielt werden (zum Vergleich: Buchenholz ca. 125 MPa).

Beim Bruch entstehen Glaskrümel mit stumpfen Kanten, damit wird das Risiko von Schnittverletzungen erheblich verringert. Die so vorgespannten Flachgläser finden in erster Linie Einsatz in der Autoindustrie (Seiten- und Heckscheiben) und in der Bauindustrie (Trennwände, Glastüren, Duschkabinen, Balkon- und Treppengeländer).

Ein Nachteil des thermischen Vorspannens besteht darin, dass eine anschließende Nachbearbeitung der vorgespannten Gläser nicht möglich ist. Formgebungsprozesse wie die Herstellung gekrümmter Scheiben durch Biegen, die erhöhte Temperaturen erfordern, führen zu einem Relaxieren der Spannungen im Glas und heben die Vorspannung wieder auf. Mechanische Bearbeitungsvorgänge wie Bohren, Schneiden oder Schleifen können zur Beschädigung der Druckspannungszone und damit zur explosionsartigen Zerstörung des Bauteils führen. Das thermische Vorspannen muss daher als letzter Bearbeitungsschritt erfolgen.

2.4.8.2 Chemisch vorgespanntes Glas

Das thermische Vorspannen mittels Luftkühlung ist auf Glasscheiben mit Dicken größer als 2 mm anwendbar. Unterhalb von 2 mm lässt sich wegen des kleiner werdenden Temperaturgradienten beim Abschrecken keine ausreichend hohe Druckspannung in die Glasoberfläche einbringen.

Hier bietet sich das *chemische Vorspannverfahren* an. Es beruht – im Gegensatz zum thermischen Vorspannen – darauf, dass die Druckspannung in der Glasoberfläche durch eine Veränderung der chemischen Zusammensetzung der Glasoberfläche gegenüber derjenigen im Glasinneren entsteht (s. Abb. 2.30).

Diese Veränderung wird durch einen *Austausch von Alkali-Ionen* hervorgerufen. Alkali-Ionen mit kleinem Durchmesser werden im Glas gegen solche mit größerem Durchmesser ausgetauscht. Erfolgt dieser Austausch bei 300 bis 400 °C, also in einem Temperaturbereich, in dem das Glas sich nicht deformiert, erzeugen die

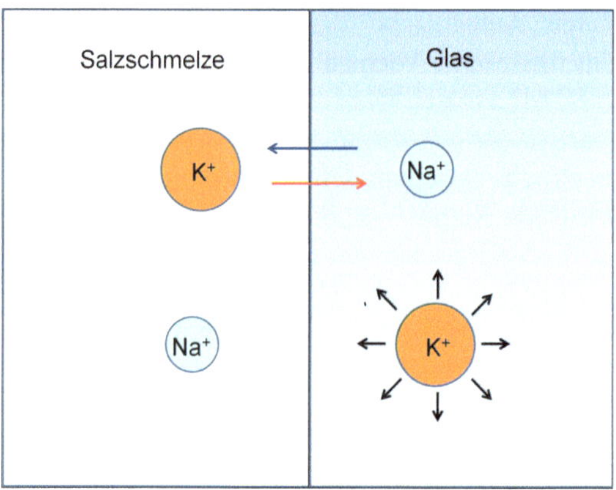

Abb. 2.30 Prinzip des chemischen Vorspannens durch Ionenaustausch

eingebauten größeren Ionen gemäß ihrem Diffusionsprofil entsprechende Druckspannungen, die unmittelbar an der Oberfläche am höchsten sind und dann zur Scheibenmitte hin abfallen.

Im technologischen Verfahren wird das natriumhaltige Flachglas über einen Zeitraum von mehreren Stunden in eine Kaliumnitrat-Schmelze eingetaucht. Die Natrium-Ionen wandern aus dem Glas in die Schmelze und umgekehrt die Kalium-Ionen aus der Schmelze in das Glas, wo sie die frei werdenden Plätze der Natrium-Ionen einnehmen.

Die erreichten Biegefestigkeiten betragen 400 bis 500 MPa (vergleichbar mit Stahlbeton), sind also wesentlich höher als die beim thermischen Vorspannen erzeugten; dafür weisen die Druckspannungsbereiche oft nur Werte von ca.100 µm (0,1 mm) auf (s. Abb. 2.29 rechts), die Erzielung höherer Austauschtiefen erfordert zu lange Austauschzeiten im Salzbad. Entsprechend niedriger ist die gespeicherte Zugspannungsenergie im Glasinneren.

Chemisch vorgespannte Gläser finden Anwendung für leichte, hochfeste Sichtverglasung im Flugzeugbau, als Displaydeckgläser in Handys und Smartphones sowie für bruchfeste Brillengläser und Laborbehälter.

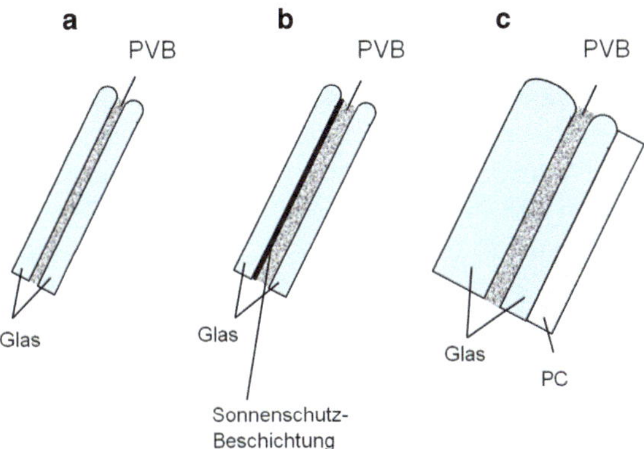

Abb. 2.31 Beispiele für verschiedene Ausführungen von VSG-Scheiben. **a** Kfz-Windschutzscheibe: 2 mm Glas/0,75 mm PVB-Folie/2 mm Glas, **b** funktionelle Kfz-Windschutzscheibe: wie (a) mit IR-reflektierender Beschichtung, **c** ICE-Lok-Frontscheibe: 6 mm Glas/1,52 mm PVB-Folie/3 mm Glas/3 mm Polycarbonat-Folie (Bildrechte: HVG Offenbach)

2.4.8.3 Verbundsicherheitsglas

Beim *Verbundsicherheitsglas* (VSG) wird die Festigkeitssteigerung mittels eines Glas/Polymer-Schichtverbundes erzielt. Zwei Flachglasscheiben werden durch eine zäh-elastische, hochreißfeste Polyvinyl-Butyral-Folie (PVB) fest zu einer transparenten Einheit verbunden (s. Abb. 2.31). Die Sicherheitswirkung von VSG beruht auf der hohen Reißdehnung der PVB-Schicht und ihrer starken Haftung am Glas. Bei Überlastung durch Stoß oder Schlag bricht das Glas zwar an, aber die Bruchstücke haften an der PVB-Folie. Im Vergleich zur normalen Glasscheibe wird die Verletzungsgefahr gemindert, und im Unterschied zur thermisch vorgespannten Scheibe (ESG) bleibt die Bruchfläche geschlossen und bietet weiterhin ausreichende Durchsicht. Bereits vor Jahrzehnten löste deshalb das VSG das ESG als Windschutzscheibe ab.

▷ **Eine Glasflasche, die nicht zerbrach** Als Erfinder des Verbundkonzeptes gilt der französische Chemiker Edouard Benedictus (1878–1930). Im Jahre 1903 berichtete er über eine herabgefallene, aber nicht auseinandergebrochene Glasflasche, in der er früher Kollodium oder Äthersalze aufbewahrt hatte. Der gesamte Inhalt war im Laufe der Jahre eingetrocknet und hatte dabei das Flascheninnere mit einer äußerst zähen Schicht aus Celluloid überzogen. Das Glas klebte derart fest an dieser Schicht, dass sich beim Aufprall keine Glassplitter ablösten. Aber erst einige Jahre später erkannte Benedictus die Tragweite dieser Beobachtung: Er hatte eine Möglichkeit gefunden, das gefährliche Zersplittern von Glas – insbesondere bei Windschutzscheiben – zu verhindern. Bereits vor dem Ersten Weltkrieg begannen in Frankreich die Société du Verre Triplex, Paris, und in England die Triplex Safety Glass Co. Ltd., London, mit der Herstellung von Verbundsicherheitsglas. In den Anfängen der VSG-Herstellung wurde Cellulosenitrat als Verbundmaterial eingesetzt. Es zeigten sich jedoch Probleme bei der Langzeitstabilität (Verfärbung, nachlassende Haftung), die ab 1933 zur Entwicklung der PVB-Folie führten.

Je nach Anwendung und gewünschter Funktion im Bau- und Fahrzeugbereich können zwei oder mehrere Glasscheiben unterschiedlicher Dicke mit einzelnen oder mehreren PVB-Folien und weiteren funktionalen Beschichtungen (Sonnenschutzbeschichtung, elektrisch leitende Beschichtungen, farbige Folien für Fassadengestaltungen) kombiniert werden. Darüber hinaus werden auch noch andere Polymerwerkstoffe im Verbund eingesetzt, z. B. Polycarbonat für durchschusshemmende Verglasungen. Die Tab. 2.4 gibt einen Überblick über die verschiedenen Anwendungen von Verbundglas.

2.4.8.4 Brandschutzglas

Der seit den 1950er-Jahren vermehrte Einsatz von Glas in der Architektur löste eine Suche nach Gläsern aus, die im Brandfall Feuer und Hitze so lange widerstehen, bis entsprechende

Tab. 2.4 Anwendungen von Verbundglas

Funktion	Eigenschaft	Anwendung
Verletzungsschutz	Splitterbindung im Falle der Zerstörung	Windschutzscheibe von Fahrzeugen Glasdächer (oft in Kombination mit ESG)
Absturzschutz	Reißfestigkeit und Reißdehnung der Folie (oder der Festigkeit einer Drahteinlage)	Brüstungen und Fensterverglasungen, Umwehrungen, Treppengeländer
Ein- und Ausbruchhemmung	Schlag- und Risszähigkeit der verschiedenen Folien	Verglasungen von Fenstern, Schaufenstern und Türen gegen Einbruch bei Häusern Verglasungen von Tiergehegen und Aquarien Kfz-Seitenverglasung
Durchschuss- und Sprengwirkungshemmung	Impulsabsorption durch das hohe Flächengewicht des Glases und Energieabsorption durch die Polymerschichten	Panzerglas: Verglasungen bei Banken, militärischen Anlagen, Flughäfen und sonstigen Verwaltungsgebäuden Fahrzeuge mit erhöhtem Personenschutz Windschutzscheibe von Hochgeschwindigkeitszügen
Schutz vor elektromagnetischen Wellen	Metallbeschichtete Absorberfolien	Verglasung von Räumen zum Abwehrschutz und Unterbindung elektromagnetischer Beeinflussung von hochwertigen, empfindlichen Anlagen
Schallschutz	Schalldämpfung durch die Polymerfolien und durch das große Flächengewicht des Glases	Schallschutzverglasungen von Gebäuden gegen Flug- und Straßenverkehrslärm
Beschlag- und Frostschutz	Eingelegte Heizdrähte oder dünne transparente Metallschichten	Kfz-Windschutzscheiben Verglasung von Schwimmbädern

Hilfsmaßnahmen greifen. *Brandschutzgläser* sind lichtdurchlässig und bilden Barrieren gegen Flammen und Rauch (G-Brandschutzglas) oder auch noch zusätzlich gegen Hitze (F-Brandschutzglas).

Bereits im Jahre 1912 wurden kleine, durch Kupferstege zusammengehaltene Glasscheiben – Copperlight glazing – als Glas für den Brandschutz erwähnt. Ab dem Jahre 1925 setzte man Drahtglas als feuerhemmende Verglasung ein. Es wird im Guss-Walz-Verfahren hergestellt, indem vor dem Walzvorgang ein Drahtgitter in das zähflüssige Glas eingeführt wird und mit ihm die Walzen durchläuft. Die Drahteinlage hält im Brandfall – auch wenn das Glas zerspringt – die Scheibe zusammen und verhindert so das Durchtreten von Rauch und Feuer. Auch Glasbausteine können als Wand zur Brandabdämmung eingesetzt werden. Als erstes F-Brandschutzglas kam im Jahre 1976 Pyrostop® in Deutschland auf den Markt. Es besteht aus zwei oder mehreren Glasscheiben (ESG- oder VSG-Scheiben), die als Zwischenschichten festes wasserhaltiges Alkalisilicatglas (Wasserglas) enthalten. Die Hitze der Brandstelle lässt die nächstliegende Zwischenschicht aufschäumen und undurchsichtig werden. Dabei verdampft das in ihr enthaltene

Abb. 2.32 G-Brandschutzglas, Borosilicatglas Pyran®. (Bildrechte: SCHOTT AG)

Wasser und kühlt die nachgelagerten Scheiben und Zwischenschichten. So entsteht ein bis zu drei Stunden wirksamer Hitzeschild. Seit dem Jahre 1978 wird als G-Brandschutzglas das Borosilicatglas Pyran® produziert (s. Abb. 2.32).

Borosilicatgläser sind besonders geeignet, Flammen und Rauch zurückzuhalten, da sie im Vergleich zu Kalknatron-Silicatgläsern erst bei höheren Temperaturen erweichen und wegen ihrer geringeren thermischen Ausdehnung Temperaturunterschiede besser vertragen. Daher zerspringen Borosilicatgläser im Brandfall nicht und verhindern über einen Zeitraum von bis zu zwei Stunden den Durchtritt von Feuer und Rauch.

2.5 Elektrotechnik und Elektronik

Aus der täglichen Erfahrung heraus verbinden wir Glas mit der Eigenschaft eines elektrischen Isolators. Dies trifft aber nur für bestimmte Gläser zu.

Die Oxidgläser, z. B. das verbreitete Kalknatron-Silicatglas und generell alle Silicatgläser, besitzen keine freien Elektronen, die den Strom leiten könnten. Da in diesen Gläsern bei Raumtemperatur keine Elektronenleitung möglich ist, sind sie hervorragende Isolatoren und Dielektrika. Mit ansteigender Temperatur werden aber oxidische Gläser zunehmend leitfähig, da einzelne Ionen die nötige Mobilität erlangen, um Platzwechsel vornehmen zu können. Im Glasnetzwerk sind dann vornehmlich Alkali-Ionen oder Silber-Ionen beweglich und können zum Stromtransport beitragen.

Andere Glastypen können durchaus abweichende elektrische Eigenschaften aufweisen: Metallische Gläser, d. h. Metalle in amorphem, auf atomarer Ebene ungeordnetem Zustand, zeigen ähnlich gute elektrische Leitfähigkeiten wie Metalle in ihrer polykristallinen Form. Außerdem besitzen einige Oxidgläser, speziell in Verbindung mit Übergangselementen, halbleitende Eigenschaften.

Durch diese Breite der elektrischen Eigenschaften erschließen sich dem Werkstoff Glas vielfältige Einsatzmöglichkeiten in elektrischen, elektronischen und optoelektronischen Anwendungen.

2.5.1   Anwendung von Glas in Elektrotechnik und Elektronik

In der Geschichte des Werkstoffes Glas spielte zuerst nur das hohe elektrische Isolationsvermögen der Oxidgläser eine Rolle. Glas nahm daher in der Entwicklung der Elektrotechnik schon früh eine Schlüsselstellung ein. Verbunden mit den Eigenschaften seiner Transparenz sowie seiner Temperatur- und Korrosionsbeständigkeit beförderte die Isolationsfähigkeit Glas zum unverzichtbaren Werkstoff. So nutzten die Experimentatoren des 18. Jahrhunderts mit der sog. *Leidener Flasche* eine frühe Form des elektrischen Kondensators zur Speicherung der statischen Elektrizität. Die Leidener Flasche bestand aus einem Glasgefäß, dessen Innen- und Außenwände mit Metallfolien belegt waren, das Glas diente als Isolator.

Die bereits ab 1880 industriell produzierten Glaskolben für Glühlampen, die den Glühfaden vor dem Verbrennen an der Luftatmosphäre schützen, sein Licht durchscheinen lassen und den entstehenden hohen Temperaturen standhalten, markieren den Beginn des massenhaften Einsatzes von Glas in elektrischen Anwendungen. Seither billionenfach hergestellt, sind Glühlampen das jedermann geläufige Beispiel für die Verwendung von Glas als Isolator, vgl. Abschn. 2.6.

Auch Elektronenröhren nutzen die isolierende Funktion des Glases, seien es nun Hochleistungsgleichrichter, Röntgenröhren oder Verstärkerröhren in elektronischen Schaltungen wie die früheren Radioröhren (s. Abb. 2.33), die heute weitgehend von Transistoren auf Halbleiterbasis verdrängt sind.

In der zur Fernsehröhre weiterentwickelten *Braunschen Röhre* erfüllt Glas neben seiner elektrischen Isolation und optischen Transparenz die zusätzliche Funktion der Absorption von Röntgenstrahlen, die beim Betrieb des Gerätes entstehen.

Die als Beleuchtungsmittel verwendeten Leuchtstoffröhren sind ebenfalls Elektronenröhren; Glas ist hier der luftdichte Behälter für das zur Entladung gebrachte Gas. Es gewährleistet als Dielektrikum, dass die Elektronen nicht nach außen geleitet werden und lässt das entstehende Licht durchscheinen.

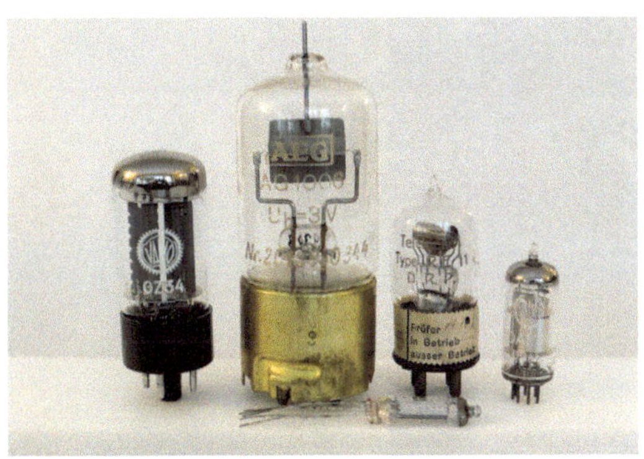

Abb. 2.33 Kollektion verschiedener Elektronenröhren

2.5.2 Physikalische Grundlagen

2.5.2.1 Elektrische Leitfähigkeit

Bei Raumtemperatur, bei der sich die meisten Gläser als gute Isolatoren erweisen, ist ihr spezifischer elektrischer Widerstand verglichen mit anderen Isolierwerkstoffen sehr hoch. Er liegt je nach Glastyp zwischen 10^{10} und 10^{23} Ωm (s. Abb. 2.34).

Bei höheren Temperaturen, insbesondere oberhalb der Transformationstemperatur T_g, steigt die *elektrische Leitfähigkeit* (Ionenleitfähigkeit) der Gläser aufgrund der zunehmenden Beweglichkeit der Ionen in der Glasstruktur stark an. Der elektrische Ladungstransport erfolgt insbesondere mithilfe der Alkali-Ionen, da sie die höchste Mobilität besitzen. Doch schon bei weit darunter liegenden Temperaturen werden die Alkali-Ionen, je nach Glaszusammensetzung auch Silber-Ionen, im Glas beweglich. Dies führt zu einer deutlich messbaren Leitfähigkeit, die bei der Elektroschmelze zum Aufheizen der Glasschmelze genutzt werden kann.

Technische Gläser mit hohem elektrischen Isoliervermögen sind einerseits Gläser, die auf reinem Siliciumdioxid SiO_2 basieren, also keine mobilen kationischen Ladungsträger enthalten; anderseits Gläser mit hohen Anteilen von Aluminiumoxid,

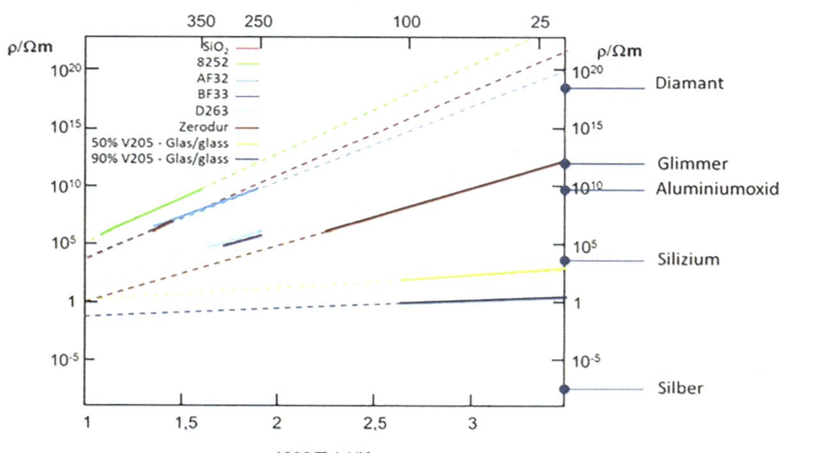

Abb. 2.34 Spezifischer Widerstand von Gläsern als Funktion der Temperatur (Die *dicken Linien* zeigen die Bereiche, für die Messwerte zugrunde liegen. Die *dünnen Verlängerungen dieser Linien* sind Extrapolationen)

Boroxid oder Bleioxid und einem möglichst niedrigen Gehalt an Alkalien.

Gläser mit hoher thermischer Ausdehnung erfordern in der Regel einen höheren Gehalt an Alkalioxiden, ihr Isolationsvermögen wird dadurch jedoch verringert. Um das Isolationsvermögen zu erhalten, gibt man anstelle eines Alkalioxids (z. B. Na_2O) zwei unterschiedliche Alkalioxide (z. B. Na_2O und K_2O) in einem bestimmten Mischungsverhältnis zu. Derartige Gläser zeigen überraschenderweise einen um 2 bis 3 Zehnerpotenzen höheren elektrischen Widerstand als ein Glas mit nur einer Alkalikomponente. Man spricht vom *Misch-Alkali-Effekt;* er spielt bei der Herstellung von Gläsern für den Lampenbau, deren thermische Dehnung an die Elektrodenmaterialien angepasst werden muss und die gut isolieren müssen, eine große Rolle.

2.5.2.2 Messung der Leitfähigkeit

Da die elektrische Leitfähigkeit von Gläsern bei Raumtemperatur nur mit sehr großem Aufwand zu messen ist, wird sie in der Regel bei höheren Temperaturen bestimmt. Die Leitfähigkeit bei Raumtemperatur lässt sich dann durch Extrapolation abschätzen. Die Leitfähigkeit der Gläser folgt in sehr guter Näherung und über einen sehr großen Temperaturbereich unterhalb von T_g dem 1907 von Ewald Rasch und F. Willy Hinrichsen vorgestellten Gesetz:

$$\log(\rho(T)) = A - B/T.$$

Hierbei ist T die absolute Temperatur (in Kelvin), A und B sind glassspezifische Konstanten. Stellt man den Logarithmus des spezifischen Widerstandes ρ als Funktion von 1/T dar, ergibt sich ein linearer Zusammenhang. Damit genügt es, den spezifischen Widerstand eines Glases bei zwei Temperaturen zu kennen, die Leitfähigkeit für andere Temperaturen lässt sich dann linear extrapolieren.

Zur Charakterisierung der elektrischen Eigenschaft eines Glases wird in der Regel die Leitfähigkeit oder der spezifische Widerstand bei 250 °C und bei 350 °C angegeben. Bei diesen Temperaturen ist der spezifische Widerstand der meisten Gläser gut messbar. Zusätzlich wird noch die Temperatur angegeben, bei der der spezifische Widerstand 10^6 Ωm erreicht, der T_{k100}-Wert eines Glases. In Abb. 2.34 ist auf logarithmischer Skala die spezifische Leitfähigkeit einiger Gläser aufgetragen. Aus den Werten, die bei 250 und 350 °C gemessen wurden, und dem T_{k100}-Wert wurde nach dem Rasch-Hinrichsen-Gesetz die Leitfähigkeit bis zur Raumtemperatur extrapoliert. Als Vergleich ist eine Reihe von spezifischen Widerständen anderer Materialien bei Raumtemperatur angegeben. Man sieht, dass gerade alkalifreie Gläser zu den besten verfügbaren Isolatoren zählen.

2.5.2.3 Durchschlagsfestigkeit

Die elektrische Durchschlagsfestigkeit eines Festkörpers ist seine Fähigkeit, sein Isolationsvermögen auch bei hohen angelegten Spannungen bzw. hohen Feldstärken beizubehalten. Man gibt die *Durchschlagsfestigkeit* eines Materials als elektrische Spannung U bei gegebener Probendicke d oder als Feldstärke $E = U/d$ an; oberhalb dieses Wertes verliert es sein Isolationsvermögen.

Die Durchschlagsfestigkeit von Gläsern hängt sehr stark von der Glassorte, der Temperatur, dem zeitlichen Anstieg der Spannung sowie der Frequenz der Spannung ab. Oxidische Gläser, die frei von Blasen und Einschlüssen sind, besitzen eine große elektrische Durchschlagsfestigkeit. Als Richtwert kann für eine Frequenz von 50 Hz, eine Temperatur von 20 °C und eine Probendicke von 1 mm von einer kritischen Feldstärke von 20–40 kV/mm ausgegangen werden. Dieser Richtwert verringert sich mit zunehmender Temperatur und Frequenz. Für dünne Glasfolien kann diese kritische Feldstärke auf bis zu 1000 kV/mm ansteigen. Dieser Rekordwert ist mehr als tausendmal höher als der Wert für die Durchschlagsfestigkeit von Luft.

Die große Durchschlagsfestigkeit von Glas beruht auf der Isolator-Eigenschaft in Verbindung mit der hervorragenden Homogenität des Werkstoffs sowie seiner sehr glatten Oberfläche. Als Ursache für einen Durchschlag in Glas wird angenommen, dass bei hohen Feldstärken der einsetzende Strom zu einer Erwärmung des Glases führt, was wiederum die Leitfähigkeit erhöht und somit zu einer positiven gegenseitigen Verstärkung bis zum elektrischen Durchschlag führt. Gläser mit der höchsten elektrischen Durchschlagsfestigkeit zeigen daher gleichzeitig auch die geringste Restleitfähigkeit und zeichnen sich durch einen geringen Anteil an beweglichen Ionen aus.

Spezialgläser können hinsichtlich ihrer elektrischen und optischen Eigenschaften maßgeschneidert werden und avancieren somit zu einem universell verwendbaren Werkstoff für moderne elektrische, elektronische und optoelektronische Komponenten.

Je nach Anforderungsprofil finden maßgeschneiderte Glaszusammensetzungen u. a. Anwendung als Spannungs-/Stromdurchführungen, zur Abdeckung von optoelektronischen Bauteilen, als Substrate für Elektronik und für Flachdisplays oder zur passivierenden Verkapselung elektronischer Bauteile.

2.5.3 Einschmelzgläser

Gläser eignen sich wegen ihres Viskositätsverhaltens und ihrer guten Haftung auf Metallen besonders gut zur mechanisch beständigen und vakuumdichten Verbindung mit Metallen. Solche Glas-Metalldurchführungen finden Verwendung im Lampenbau, für hermetisch dichte, isolierende Elektrodendurchführungen, für Verstärkerröhren und andere elektrische Bauelemente (s. Abb. 2.35).

Voraussetzung für die Stabilität von Glas-Metallverschmelzungen ist die Anpassung der thermischen Ausdehnungskoeffizienten der Partner Glas und Metall, um hohe mechanische Spannungen zu vermeiden. Für die zum Einsatz kommenden Metalle (Molybdän, Wolfram, Kovar) wurden spezielle Glaszusammensetzungen entwickelt, sog. *Einschmelzgläser.* Als Einschmelzgläser für Wolfram werden Borosilicatgläser oder Erdalkali-Alumo-Silicatgläser verwendet. Mit einem thermischen Ausdehnungskoeffizienten von 4,0 bis $4{,}4 \cdot 10^{-6}\,\mathrm{K}^{-1}$ finden sie Anwendung in hoch belasteten Glüh- und Entladungslampen. Bei höheren thermischen Ausdehnungskoeffizienten von ca. $5{,}0 \cdot 10^{-6}\,\mathrm{K}^{-1}$ werden Alkaliborosilicatgläser z. B. für die Molybdänverschmelzung eingesetzt. Hoch borhaltige Alkaliboratgläser sind speziell für Verschmelzungen mit Kovar (Legierung aus 28 % Nickel, 18 % Kobalt, Rest Eisen) angepasst. Mit

Abb. 2.35 Gehäuse für elektronische Bauelemente mit Glas-Metall-Durchführungen. (Bildrechte: SCHOTT AG)

ihrer hohen elektrischen Isolation und geringen dielektrischen Verlusten erfüllen sie höchste Anforderungen u. a. für Vakuumröhren und in neueren Anwendungen als Leuchtstoffröhren zur Hintergrundbeleuchtung von LCD-Flachbildschirmen.

Durch Zusatz von Metalloxiden, z. B. Eisenoxid, erreicht man bei bestimmten Einschmelzgläsern durch Erhöhung der IR-Absorption eine bessere Verarbeitbarkeit (Verschmelzbarkeit). Einsatz finden diese Gläser in Rohrform z. B als Verkapselung für elektrische Kontakte in Schutzgasatmosphäre (sog. *Reedschalter*, s. Abb. 2.36).

Für isolierende Metalldurchführungen in metallischen Gehäusen elektronischer Bauelemente finden Einschmelzgläser in Form von Druckglasdurchführungen Anwendung. Durch geeignete Wahl der thermischen Ausdehnungskoeffizienten der Glas- und Metallpartner wird eine Druckspannung im Glas erzeugt, die die glasige Elektrodendurchführung unempfindlich gegen mechanische Belastungen werden lässt.

Abb. 2.36 Reedschalter
mit verkapselten elektrischen
Kontakten. (Bildrechte:
SCHOTT AG)

2.5.3.1 Einschmelzen von Metallen

Die thermische Dehnung von Gläsern spielt eine wichtige Rolle
bei der Verschmelzung von Metallen mit Gläsern, so bei der Herstellung elektrischer Durchführungen bei Glühlampen und anderen Artikeln der Elektrotechnik, aber auch beim *Emaillieren,*
dem Beschichten eines Metalls mit einer Glasschicht. Der Vorgang des Verschmelzens erfolgt oberhalb der Transformationstemperatur T_g, im Temperaturbereich der Glaserweichung.
Gleichzeitig ändert sich der thermische Ausdehnungskoeffizient
in diesem Bereich besonders stark (s. Abb. 2.1). Für eine Glas-
Metall-Verschmelzung oder eine Emailschicht mit möglichst
geringen mechanischen Spannungen bei Raumtemperatur müssen der Verlauf der thermischen Dehnung des Glases mit der
Temperatur, aber auch die Dehnung des Metalls und die Einfriertemperatur T_E sorgfältig aufeinander abgestimmt werden. Bei
Zimmertemperatur muss die Ausdehnung des Glases über der
des Metalls liegen, um Druckspannungen im Glas zu erzeugen.
Glas hält hohen Druckspannungen viel besser Stand als Zugspannungen. Je nach gewünschter Materialpaarung bietet die
Industrie hierfür eine Reihe von sog. Einschmelzgläsern an.

2.5.4 Gläser zum Löten und Passivieren

Gläser mit einem niedrigen Erweichungspunkt werden als *Lotgläser* eingesetzt. Vergleichbar den Loten in der Metallverarbeitung
dienen Lotgläser der Verbindung unterschiedlicher Glas- oder

Keramikbauteile. Die Lotglasverbindung wird typischerweise im Temperaturbereich von 450–550 °C erzeugt, in dem die Viskosität des Glases ca. 10^4–10^6 dPa·s beträgt und eine ausreichend gute Benetzung der Fügepartner gegeben ist.

Als Lotgläser kommen Bleialumosilicatgläser und zunehmend wegen der in vielen Anwendungsfeldern geforderten Bleifreiheit Wismut-Zink-Boratgläser bzw. -Silicatgläser zum Einsatz.

Während glasige Lote ihre mechanischen Eigenschaften bei wiederholtem Erwärmen nicht verändern (und somit ein nachträgliches Justieren der Fügeteile möglich ist), bilden kristallisierende Lotgläser während des Lötvorgangs eine keramikartige polykristalline Phase. Sie ist wesentlich temperaturstabiler und ermöglicht thermisch hoch belastbare Lötverbindungen auch für Einsatztemperaturen, die über der Löttemperatur liegen. Kristallisierende Lote erhält man z. B. durch Zugabe von 8–15 Gew.% ZnO oder durch den Einsatz von Zinkborat- bzw. hoch borhaltigen Borosilicatgläsern.

Lotgläser werden üblicherweise in Form von Pulvern mit wohl definierter Korngröße im Bereich einiger 10 μm eingesetzt. Zur Anpassung des thermischen Ausdehnungskoeffizienten der Lotverbindung können dem Glaspulver Zuschlagstoffe zugesetzt werden (sog. Komposit-Lotgläser).

Eine Sonderform der Lotgläser, sog. Passivierungsgläser, findet in der hermetischen Verkapselung von elektronischen Bauelementen Anwendung. Sie bestehen aus Zink-Borat-Silicaten oder Bleialumosilicaten, dienen dem chemischen Schutz von elektronischen Bauteilen wie Halbleiterdioden, Präzisionswiderständen etc. und werden in Form von Pulvern mit 10 bis 20 μm Körnung oder als Präzisions-Rohrabschnitte eingesetzt.

2.5.5   Substratgläser für die Elektronik

2.5.5.1 Substratgläser für die Optoelektronik und Mikromechanik

Moderne optoelektronische und mikromechanische Bauelemente stellen vielfältige Anforderungen an ein Substrat: chemische und thermische Beständigkeit, hohe elektrische Isolation und hohe Transmission des Lichts. In den meisten Anwendungen erfüllt in dieser Kombination nur Glas alle Bedingungen. Werden höchste Forderungen an Transmission und Reinheit gestellt und ist zudem die Anpassung an die thermische Ausdehnung von Halbleiterwerkstoffen erforderlich, kommen Spezialglassubstrate zum Einsatz.

So finden hochtransparente Borosilicatgläser und alkalifreie Alumosilicatgläser Anwendung als Abdeck- und Filterglas für Bildsensoren, z. B. für Kameramodule von Mobiltelefonen, als Abdeckglas für Optokappen, für Laserdioden in optischen Speichermedien, in der Datenverarbeitung oder als robustes Deckglas für berührungsempfindliche Bildschirme (sog. Touch Panels). Für zahlreiche mikromechanische Sensortypen oder auch Mikrorelais setzt man Spezialglaswafer aus chemisch resistentem Borosilicatglas mit runden oder rechteckigen Löchern oder Kavernen ein, die mittels Ultraschallbohrens erzeugt werden. Die exakte Anpassung des thermischen Ausdehnungskoeffizienten des Glases an den des Siliziums ermöglicht die direkte Glas-Halbleiterverbindung durch anodisches Bonden.

Diese Spezialglassubstrate werden in Dicken von 0,05 bis 1,5 mm durch das sog. Down-Draw-Verfahren (vgl. Abschn. 3.4.1) hergestellt, das eine exzellente Oberflächengüte und hohe dimensionelle Stabilität des Glases garantiert. Vereinzelt kommt auch das Floatverfahren zur Anwendung.

2.5.5.2 Flachbildschirme

Flachbildschirme haben die herkömmliche Bildröhre als Display für Fernsehgeräte oder Computermonitore weitgehend verdrängt. Weit verbreitet sind LCD- und Plasmabildschirme mit Bilddiagonalen von mehr als einem Meter. Am Beispiel eines TFT-LCD wird deutlich, welche hohen Anforderungen an die verwendeten Spezialglassubstrate gestellt werden.

Sogenannte *Aktiv-Matrix-LCD-Bildschirme* basieren auf einem Glassubstrat, das pro Bildpunkt in den Grundfarben Blau, Rot und Grün aus je einem Dünnschichttransistor besteht.

Somit kann in jedem Bildpunkt eine variable Spannung an eine Bildzelle gelegt werden, die über die Ausrichtung der Flüssigkristallschicht die Licht-Transmission der betreffenden Zelle verändert. Damit gelangt je Bildpunkt unterschiedlich viel Licht in den Grundfarben zum Betrachter, der Bildeindruck entsteht. Ein üblicher Computer-Bildschirm (15 Zoll) besitzt 2 bis 4 Mio. Bildpunkte.

Substrate für LCD-Bildschirme zeichnen sich durch die folgenden Eigenschaften aus:

- hohe optische Transmission und Freiheit von Fehlern und Einschlüssen
- hohe Ebenheit und Parallelität der Substrate, um Bildfehler zu vermeiden
- hohe Temperaturbeständigkeit und hohe chemische Beständigkeit in den eingesetzten Beschichtungs- und Strukturierungsprozessen
- um Degradation der Halbleiterschichten zu vermeiden, muss das verwendete Glas zudem frei von Alkaliatomen sein (Gefahr des Einwanderns ionischer Ladungsträger in den Halbleiter und damit Beeinträchtigung der elektronischen Leitfähigkeit).

Eingesetzt werden alkalifreie Alumo-Borosilicatgläser mit thermischen Dehnungen von 3,7 bis $3{,}2 \cdot 10^{-6}\,\mathrm{K}^{-1}$. Die obere Kühltemperatur ($10^{14.5}\,\mathrm{dPa \cdot s}$) liegt mit ca. 700 °C (zum Vergleich: Kalknatron-Silicatglas bei 525 °C) sehr hoch, um ein Verziehen des Substrates während der Hochtemperatur-Prozessschritte zu minimieren.

Die Substrate werden durch Overflow Fusion (Corning Down-Draw-Verfahren) oder mit dem Floatverfahren hergestellt. Es werden Dicken von 0,7 mm und Abmessungen von bis zu $2{,}88 \cdot 3{,}13\,\mathrm{m}^2$ (Stand 2013) erreicht. Hohe Bekanntheit erlangte auch das Gorilla® Glass der Firma Corning, ein Alkalialumo-Silicatglas, das mit einer Biegefestigkeit von 800 MPa nach Ionenaustausch als Deckglas für Smartphones eingesetzt wird (s. Abb. 2.37).

Abb. 2.37 Displayglas
für Bildschirme von
Smartphones. (Bildrechte:
SCHOTT AG)

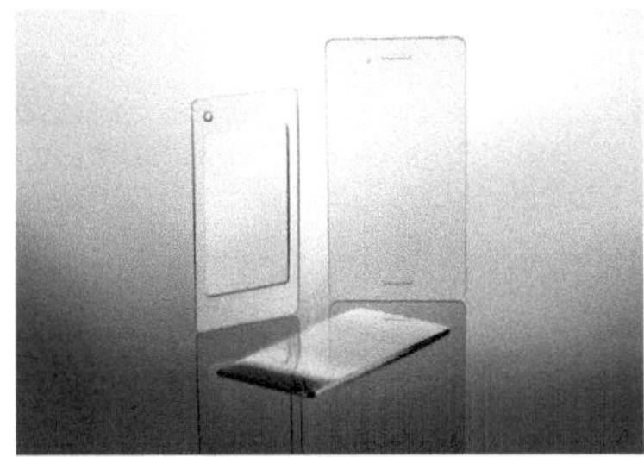

2.6 Lampen

2.6.1 Einleitung

Die Erfindung der Glühlampe im Jahre 1879 durch Thomas A. Edison (1847–1931) markiert die erste Anwendung von Glas als Schlüsselwerkstoff für eine technische Innovation, die innerhalb kürzester Zeit zu einem Massenprodukt führte. Nur der Werkstoff Glas erfüllte die Palette der Anforderungen: hohe Lichtdurchlässigkeit und Temperaturfestigkeit, Undurchlässigkeit für Gase zur Aufrechterhaltung des Vakuums, mechanische Stabilität. Völlig neu stellte sich die Frage nach den elektrischen bzw. isolierenden Eigenschaften von Gläsern sowie nach den Voraussetzungen für einen vakuumdichten und temperaturstabilen Verbund zwischen Glas und stromführenden metallischen Leitern. Die physikalischen und werkstoffwissenschaftlichen Grundlagen sind im Abschn. 2.2.1 beschrieben.

Die ersten Glühlampenkolben wurden nach dem Mundblasverfahren hergestellt. Ein Glasmacher produzierte eine Stückzahl von ca. 900 Kolben pro Tag. Es existierten Herstellungsbetriebe, die mit der entsprechenden Anzahl von Glasmachern um die Jahrhundertwende eine Tagesproduktion von bis zu 20.000 Kolben erreichten. Der Durchbruch zur Automatisierung gelang im Jahre 1926 mit der von der Firma Corning Glass Works entwickelten Ribbon-Maschine mit einer Tagesleistung von 1 Million Kolben. Dieses Verfahren, das in Abschn. 3.4.2 beschrieben wird, findet noch heute bei der Herstellung von Glühlampenkolben Anwendung.

Lampen zur Lichterzeugung zeichnen sich durch eine große Vielfalt aus. Bedingt durch die unterschiedlichen Anforderungen kommen Gläser unterschiedlicher Zusammensetzung zum Einsatz. Nach physikalischen Prinzipien gliedern sie sich in drei Hauptgruppen, wobei die Lichtausbeute gemessen in Lumen/ Watt (lm/W) sehr unterschiedlich ausfällt.

1. Thermische Strahlung in Glühlampen bzw. Halogenglühlampen (10 lm/W bzw. 25 lm/W)
2. Gasentladung in Leuchtstofflampen bzw. Hochdrucklampen (30–100 lm/W bzw. 70–150 lm/W)
3. Halbleiter-Lichtquellen in Form von Leuchtdioden (LED) (60–140 lm/W) und organischen Leuchtdioden (OLED)

2.6.2 Glühlampen

Die *Glühlampe* besteht aus einem Befestigungssockel, der die elektrischen Stromzuführungen enthält, und einem Glaskolben, der den Wolfram-Glühfaden und dessen Halterung nach außen abschirmt. Um den Glühfaden vor Oxidation zu schützen, wird nicht wie früher der Glaskolben evakuiert, sondern mit einem inerten Stickstoff-Argon-Gemisch befüllt.

Das Glas des Kolbens ist ein typisches Kalknatron-Silicatglas. Dagegen muss für den Verbund mit den Stromzuführungen ein Glas mit geringer Ionenleitfähigkeit eingesetzt werden, um bei höheren Betriebstemperaturen einen Kurzschluss zwischen den elektrischen Leitern zu vermeiden. Früher setzte man ein bleihaltiges Glas ein, heute wird ein bleifreies, bariumhaltiges Misch-Alkali-Glas (vgl. „Mischalkali Effekt", vgl. Abschn. 2.5.2) verwendet.

Der vakuumdichte Verbund zwischen Glas und einem Kupfermanteldraht (bestehend aus einem Nickel-Eisen-Kern mit Kupferüberzug) wird dadurch bewerkstelligt, dass eine dünne Oxidschicht aus Kupfer(I)oxid (Cu_2O, rot gefärbt) chemisch gut an das Glas anbindet. Wird dagegen die Oberfläche des Kupfermanteldrahts zu stark oxidiert (Bildung von Kupfer(II)oxid CuO, schwarz gefärbt) so ist ein vakuumdichter Verbund nicht mehr gegeben.

2.6.3 Halogenglühlampen

Mit der Zugabe der Halogene Brom oder Jod in die Schutzgasatmosphäre des Glaskolbens lässt sich die Lebensdauer bei einer Glühfadentemperatur von ca. 2750 °C auf bis zu 4000 h steigern. Die Lebenszeitverlängerung basiert auf dem Wolfram-Jod-Kreisprozess: Das abdampfende Wolfram verbindet sich mit dem Jod, wodurch eine Schwärzung der Glaskolbeninnenwandung durch kondensiertes Wolfram verhindert wird. Die Wolframjod-Verbindung zersetzt sich wieder an der heißen Glühwendel, sodass Wolfram zurückgeführt wird. Der Kreisprozess lässt höhere Betriebstemperaturen (400 bis 500 °C) und kleinere Volumina des Glaskolbens zu und führt somit zu einer höheren Lichtausbeute.

Diese höheren Temperaturen erfordern den Einsatz von Quarzglas, dadurch ist jedoch jetzt keine Drahteinschmelzung mehr möglich. Denn es existieren keine Metalle mit einem derart niedrigen thermischen Ausdehnungskoeffizienten wie dem des Quarzglases ($0{,}5 \cdot 10^{-6}$ K^{-1}, s. Tab. 2.1 in Abschn. 2.2.1). Man behilft sich deshalb für die Stromzuführung mit dünnen Molybdänfolien, die in das Quarzglas eingequetscht werden. Molybdän ist sehr duktil (plastisch verformbar), sodass in dünnen Folien trotz des um den Faktor 10 höheren Ausdehnungskoeffizienten keine für den Verbund kritischen mechanischen Spannungen entstehen (s. Abb. 2.38).

2.6.4 Gasentladungslampen

Die Lichtentstehung erfolgt bei Gasentladungslampen durch ein Plasma (ein Gas, bestehend aus Ionen und Elektronen),

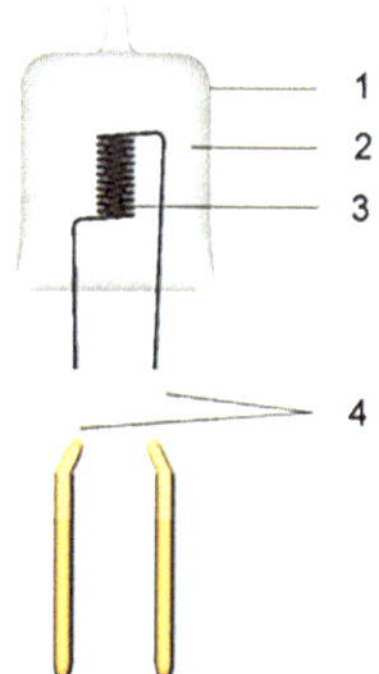

Abb. 2.38 Aufbau einer Halogenglühlampe. *1* Quarzglaskolben, *2* Füllgas, *3* Wolframwendel, *4* Molybdän-Folien. (Bildrechte: Osram GmbH)

das durch eine elektrische Entladung erzeugt wird. Bei dem das Plasma bildenden Gas handelt es sich um Metalldämpfe (Natrium, Quecksilber), wobei immer auch Edelgase (Xenon, Krypton, Neon) oder Gemische aus Halogenen und Metallen vorliegen.

Nach dem Druck im Entladungsgefäß unterscheidet man zwischen Niederdruck- (<10 hPa), Hochdruck- (bis 10 MPa) und Höchstdruck-Entladungslampen (>10 MPa).

Zu den Niederdrucklampen zählen die *Leuchtröhren* und *Leuchtstofflampen,* zu den Hochdrucklampen die Quecksilberdampflampen, Krypton-Bogenlampen zur Laseranregung und die Halogen-Metalldampflampen. Zur dritten Kategorie gehören die Quecksilberdampf-*Höchstdrucklampe n* für die Fotolithographie und die Xenon-Kurzbogenlampen für Projektionszwecke.

Alle Glasentladungslampen besitzen ein annähernd rohrförmiges Entladungsgehäuse. Bei Niederdrucklampen besteht es aus einem Kalknatron-Silicatglas, bei Hoch- und Höchstdrucklampen aus Quarzglas oder aus lichtdurchlässiger (transluzenter) Aluminiumoxid-Keramik. Anstelle der Drahtdurchführung bei den Glühlampen müssen jetzt zwei Elektroden für den Aufbau des elektrischen Feldes vorgesehen und ebenfalls vakuumdicht mit dem Glas verbunden werden.

Die Gasfüllung bei einer Leuchtstofflampe besteht in der Regel aus einem Argon/Krypton-Gemisch und Quecksilber (ca.1 mg). Beim Betrieb der Lampe verdampft das Quecksilber und wird unter der Niederdruckentladung zur UV-Strahlung angeregt. Die auf der Innenseite des Entladungsrohres aufgebrachte Leuchtstoffschicht wandelt sodann das unsichtbare UV-Licht in sichtbares Licht um (s. Abb. 2.39).

Bei Leuchtstofflampen kann das Entladungsrohr auch gebogen ausgeführt werden (Kompaktleuchtstofflampe), sodass der elektrische Anschluss an einer Lampenseite angebracht und die Lampe mit einem Schraubsockel ausgestattet werden kann. Eine extrem platzsparende Bauform stellen die Leuchtstoffröhren für den Einsatz bei Flachbildschirmen dar. Die Abmessungen bewegen sich bei den Rohrdurchmessern zwischen 1,8 und 4 mm und bei den Längen bis zu einem Meter.

Bei einer *Quecksilberdampf-Hochdrucklampe* bewirkt der höhere Betriebsdruck, dass das Quecksilber mehr sichtbares Licht und weniger UV-Strahlung als bei Leuchtstofflampen emittiert. Die verbleibende UV-Strahlung wird ebenfalls durch eine Leuchtstoffschicht in sichtbares Licht umgewandelt. Bei der *Natrium-Hochdrucklampe* setzt man eine Legierung aus Natrium und Quecksilber ein; das Füllgas besteht aus Xenon. Da das Natrium mit dem SiO_2 der Gläser reagieren würde (Natrium reduziert SiO_2 zum metallischen Silicium), müssen SiO_2-freie Gläser (bariumoxid- und aluminiumoxid-haltige Boratgläser) verwendet

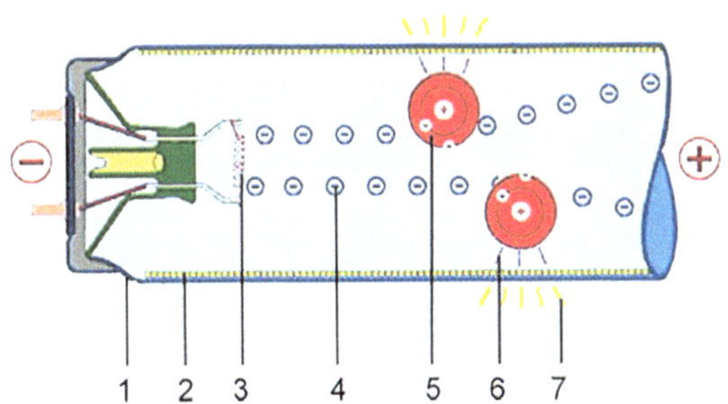

Abb. 2.39 Wirkungsweise einer Leuchtstofflampe. Glasröhre, *2* Leuchtstoff, *3* Elektrodenwendel, *4* Elektronen, *5* Quecksilber-Atom, *6* UV-Strahlung, *7* sichtbares Licht. (Bildrechte: Osram GmbH)

werden oder am besten transluzentes Aluminiumoxid (Ausdehnungskoeffizient $7,8 \cdot 10^{-6}\,\mathrm{K}^{-1}$). Für die Stromdurchführung wird Niob mit ähnlichem Ausdehnungskoeffizienten ($7,1 \cdot 10^{-6}\,\mathrm{K}^{-1}$) eingesetzt, das mit Hilfe eines Glaslots (vgl. Abschn. 2.5.4) gasdicht mit dem Aluminiumoxidrohr verbunden wird (s. Abb. 2.40). Diese Lampen besitzen die höchsten Lichtausbeuten (150 lm/W) und finden in einigen Ländern Anwendung in der Straßenbeleuchtung (gelbes Natrium-Licht).

Eine Weiterentwicklung der Quecksilberdampf-Hochdrucklampe führt zur Halogen-Metalldampflampe, indem zusätzliche Metallhalogenide in der Gasfüllung dafür sorgen, dass ein dem Tageslicht ähnliches Licht erzeugt wird.

Bei den Höchstdrucklampen stellt sich eine weitere werkstoffwissenschaftliche Herausforderung ein. Da die Molybdänfolien nicht bei hohen Stromdichten eingesetzt werden können, müssen jetzt stärker dimensionierte Wolframelektroden verwendet werden. Um den großen Unterschied der Ausdehnungskoeffizienten zwischen Quarzglas und Wolfram (s. Tab. 2.1) zu überbrücken, werden drei Zwischengläser mit abgestuften Ausdehnungskoeffizienten genutzt, um auf diese Weise die entstehenden mechanischen Spannungen bei der Herstellung und im Betrieb abzubauen. Die bekannteste Höchstdruck-Entladungslampe ist die *Xenon-Metalldampflampe* für Autoscheinwerfer, die ein bläulich-weißes Licht abstrahlt. Sie erzeugt einen hohen

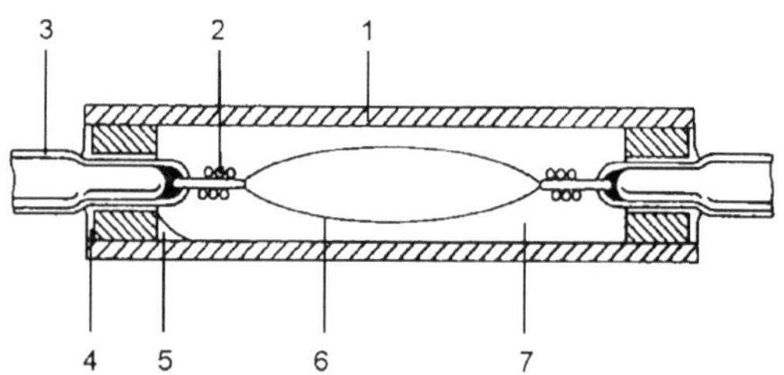

Abb. 2.40 Aufbau einer Natriumdampf-Hochdrucklampe. *1* Aluminiumoxidkeramik, *2* Wolframelektrode, *3* Niobrohr, *4* Glaslot, *5* Natriumamalgam, *6* Entladungsbogen, *7* Xenon-Gas. (Bildrechte: Osram GmbH)

Lichtstrom bei geringer Leistungsaufnahme 3400 lm bei 35 W (im Vergleich: Halogenglühlampe 1500 lm bei 55 W).

2.6.5 Halbleiter-Lichtquellen (LEDs)

Im Gegensatz zur Lichterzeugung mittels thermischer Strahlung oder Gasentladung beruht die Lichterzeugung im Halbleiter auf dem Phänomen der **Elektroluminiszenz.** Im Jahre 1907 gelang Henry J. Round (1881–1966) der Nachweis der Lichtemission eines Siliciumcarbid-Kristalls unter einer angelegten Gleichspannung. Aber erst knapp 100 Jahre später konnte die Effizienz der Elektroluminiszenz derart gesteigert werden, dass sich eine kommerzielle Nutzung anbot. Man unterscheidet zwischen anorganischen halbleitenden Einkristallen, den sog. LEDs (**l**ight **e**mitting **d**iodes) und organischen halbleitenden Materialien, den sog. OLEDs (**o**rganic **l**ight **e**mitting **d**iodes).

Das Herzstück jeder *LED-Lampe* ist ein winziger LED-Chip (auf der Basis von Indium-Gallium-Nitrid), der dem Glühdraht einer herkömmlichen Lampe entspricht. LEDs besitzen sehr hohe Effizienzwerte, die mit denen der Natrium-Hochdrucklampe vergleichbar sind. LED-Lampen bieten daher eine Alternative für Anzeigeinstrumente in Fahrzeugen, als Frontscheinwerfer oder Straßen- und Wohnraumbeleuchtung an.

Neue Anwendungsmöglichkeiten versprechen die noch in der Entwicklung befindlichen OLEDs. Sie sind keine Punktlichtquellen, sondern Flächenstrahler, die diffuses Licht abstrahlen. Der Hauptvorteil der OLEDs besteht darin, dass sie extrem dünn sind; ihre aktive lichtemittierende Kunststoffschicht hat eine Stärke von weniger als 0,5 µm.

Glas gelangt als Ummantelung der LED-Lichtquellen zum Einsatz. In OLEDs dagegen ist der Einsatz von Glas in Form von dünnem Flachglas oder Glasfolien von großer Bedeutung, um die Kunststoffschichten vor Luftsauerstoff, Feuchtigkeit und UV-Strahlung zu schützen (Verkapselung in einem Glasverbund).

2.7   Energie

2.7.1   Thermische Isolation

2.7.1.1 Glas- und Steinwolle

Produkte aus Glas- und Steinwolle sind im Bauwesen hervorragend zur *Wärmedämmung* geeignet. Die Herstellung von Glaswolle war lange Zeit aufwendig, da die Fasern aus Glasstäben gezogen wurden. Erst die kontinuierlichen Düsenblas- und Schleuderblasverfahren, die in den 30er-Jahren des 20. Jahrhunderts entwickelt wurden, ermöglichte die Massenherstellung. Beim Zerfasern der Glasschmelze wird eine Phenolharzlösung eingedüst, die die einzelnen Fasern elastisch miteinander zu einem Vlies verbindet, das anschließend in einem Durchlaufofen aushärtet. Dieses Vlies kann je nach Anwendung aufgerollt, zu Platten geschnitten oder in gewünschte Formen gepresst werden.

Unter *Glaswolle* versteht man ein borhaltiges Kalknatron-Silicatglas (Zusammensetzung in Tab. 1.2, Abschn. 1.6.4), das bis zu 70 % aus Abfallscherben der Flach- und Hohlglasindustrie, aber auch aus Altglas der Containersammlungen erschmolzen wird. Bei der *Steinwolle* handelt es sich um ein eisenoxidhaltiges Erdalkali-Alumosilicatglas aus natürlichen Rohstoffen (u. a. Basalt, Dolomit). Die Faserlängen betragen einige Zentimeter, die Faserdurchmesser liegen zwischen 3 und 9 µm. Beide Fasertypen sind biolöslich. Die Glaswolle löst sich in der Lungenflüssigkeit (pH-Wert$=$7,5), die Steinwolle wird mithilfe der Makrophagen (Fresszellen des Immunsystems) abgebaut (intrazellulärer pH-Wert$=$4,5).

Steinwolle besitzt eine höhere Temperaturbeständigkeit als Glaswolle und eignet sich neben der Wärmedämmung auch für den Brandschutz. Nachteilig wirkt sich aus, dass Produkte aus Steinwolle ein höheres spezifisches Raumgewicht aufweisen, da sie einen hohen Anteil an nicht zerfaserten Partikeln (Schmelzperlen) enthalten.

Glas- und Steinwolle leisten als Wärmeisolier-Materialien bei der energetischen Sanierung von Wohngebäuden einen erheblichen Beitrag zum Umweltschutz.

2.7.1.2 Schaumglas

Schaumglas ist eine weitere Anwendung von Glas als Isoliermaterial. Ausgangsmaterial ist ein silicatisches Glas (es besteht bis zu 70 % aus Recyclingscherben), das zermahlen und mit feinstverteiltem Kohlenstoff vermischt auf ca. 1000 °C erhitzt wird. Durch die Verbrennung des Kohlenstoffs (CO_2-Bildung) schäumt das Glas auf. Nach einem kontrollierten Abkühlen kann das erstarrte Schaumglas auf Plattenformate zugeschnitten werden. Dieses Isoliermaterial besitzt eine hohe Druckfestigkeit (Einsatz z. B. für Gebäudefundamente, Parkdecks) sowie eine hohe Formbeständigkeit und Dampfdichtigkeit (Einsatz z. B. für Fassaden- und Flachdachisolierungen). Nachteilig wirkt sich die höhere Wärmeleitfähigkeit von Schaumglas (0,04–0,06 W/ (m · K)) im Vergleich zu Glas- und Steinwolle (0,03–0,04 W/ (m · K)) aus.

2.7.2 Anwendung in der Solartechnik: Solarthermie und Photovoltaik

Glas eignet sich hervorragend als Abdeckscheibe für *Solarkollektoren* und PV (Photovoltaik)-Module (s. Abb. 2.41). Glas ist witterungsstabil, hat eine hohe Transmission für die Sonnenstrahlung im sichtbaren und im nahen infraroten Bereich. Als Abdeckscheibe eines Solarkollektors (in der Regel eine geschwärzte, wasserdurchströmte Kollektorplatte) lässt es die Sonnenenergie zum Kollektor passieren, verhindert aber die Wärmeableitung durch Konvektion und durch Strahlung an die Umgebung.

Bei der Abdeckung von PV-Modulen schützt das Glas die empfindlichen *Solarzellen* vor der Witterung. In einer typischen

Abb. 2.41 PV-Module.
(Bildrechte: SCHOTT AG)

Anwendung liegen die 15 cm durchmessenden Solarzellen, die untereinander elektrisch verbunden sind, zwischen zwei Glasplatten. Diese werden mittels Polymerfolien luftdicht laminiert (zusammengefügt). Ein umlaufender Aluminiumrahmen dient der mechanischen Stabilität. Glas gibt den Modulen eine zusätzliche mechanische Stabilität gegen Wind- und Schneelasten.

Das Glas, das in beiden Fällen zum Einsatz kommt ist ein spezielles, hoch transparentes Kalknatron-Silicatglas, dessen reine Rohstoffe einen geringen Eisengehalt von unter 250 ppm sicherstellen. Das Glas wird durch Floaten oder Walzen hergestellt. In vielen Fällen erhält es eine strukturierte Oberfläche, vergleichbar mit der Riffelung einer Badezimmer-Fensterscheibe, jedoch feiner (s. Abb. 2.42). Diese Struktur sorgt für eine Streuung des transmittierten Lichtes und für eine höhere Effizienz des Kollektormoduls bzw. PV-Moduls.

Bei den sog. Dünnschicht-PV-Modulen wird die Photovoltaik-Zelle direkt als Schichtsystem auf die Glasscheibe aufgebracht und besteht in der Regel aus einer ersten leitfähig-transparenten Schicht, dem eigentlichen PV-Schichtsystem aus amorphem Silizium oder CdTe und einer abschließenden leitfähigen Schicht. In diesen Fällen tritt das Licht durch das Glassubstrat auf das PV-Modul. Eine andere Technologie nutzt

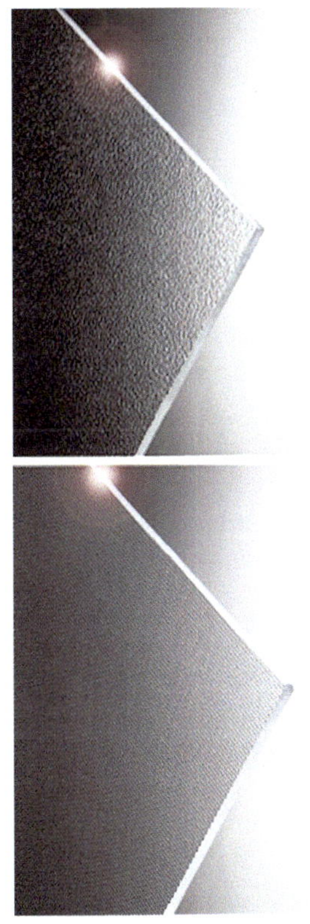

Abb. 2.42 Solarglas der Fa. GMB Solarglas (Typ CONE und ASTRA) mit unterschiedlicher Oberflächenstruktur. (Bildrechte: GMB Glasmanufaktur Brandenburg GmbH)

ein PV-Schichtsystem aus Kupfer (engl. Copper) – Indium – Gallium – Selen bzw. Schwefel (CIGS-Zellen), hierbei bildet das Glassubstrat die Modul-Rückseite (und die korrekte Bezeichnung ist Glas-Superstrat statt Substrat).

Substratgläser für Dünnschicht-PV bestehen immer aus gefloateten Kalknatron-Silicatgläsern, im Falle des Substrates in eisenarmer Qualität wegen der hohen Transmission. Nur das Floatverfahren liefert die hohe Planparallelität der Scheiben, die im Beschichtungsprozess benötigt wird. Oberflächenstrukturiertes Glas kommt hier nicht zum Einsatz.

2.7.3 Spezialgläser für den Einsatz in der solarthermischen Stromerzeugung

Während bei der Photovoltaik das Sonnenlicht im Halbleiter direkt in elektrische Energie umgewandelt wird, heizt bei der *solarthermischen Stromerzeugung* das Sonnenlicht ein Wärmeträgermedium auf, welches wiederum den Dampf für eine Turbine liefert, die einen elektrischen Generator antreibt. Das Prinzip der am weitesten verbreiteten solarthermischen Stromerzeugung mittels *Parabolrinnen-Spiegel* ist in Abb. 2.43 dargestellt.

Parabolische Spiegelsegmente, die der Sonne nachgeführt werden, konzentrieren das Sonnenlicht auf ein Röhrensystem, in dem ein Wärmeträger-Öl auf bis zu 400 °C erhitzt wird. Dieses Öl durchströmt einen Wärmetauscher, in dem Wasser verdampft. Der Wasserdampf treibt eine konventionelle Turbine an.

Ein Kraftwerk in Kalifornien (Kramer Junction, CA, USA) besteht z. B. aus 45.000 Receivern mit einer Spiegelfläche (Aperturfläche) von 900.000 m^2 und liefert 150 MW.

Kernstück eines solchen Kraftwerkes sind spezielle *Receiverrohre* (s. Abb. 2.44). Circa 4 m lange Edelstahlrohre mit einer hochselektiven Absorberbeschichtung werden von einem Rohr aus einem Borosilicatglas umhüllt. Glas und Metall sind

Abb. 2.43 Parabolrinne mit Solarreceiver. (Bildrechte: SCHOTT AG)

Abb. 2.44 Receiverrohr. (Bildrechte: SCHOTT AG)

an den Rohrenden über Metallfaltenbälge vakuumdicht verbunden. Im System sorgt ein Vakuum für exzellente thermische Isolation und damit für einen hohen Wirkungsgrad des Receivers. Das Erreichen einer hohen Betriebszuverlässigkeit und Effizienz über Jahre hinweg stellt außergewöhnliche Anforderungen an das verwendete Spezialglas: hohe mechanische Stabilität, Witterungsbeständigkeit, hohe Temperatur- und Temperaturunterschiedsfestigkeit, exakte Anpassung an den Glas-Metallübergang mit dauerhafter Vakuumdichtheit und hohe Transmission für das Sonnenlicht. Letztere wird zusätzlich durch eine stabile Entspiegelungsschicht auf dem Glasrohr erreicht.

2.8　Telekommunikation

Den wahrscheinlich bedeutendsten Anwendungsbereich optischer Fasern stellt der Bereich der Informationsübertragung für *Telekommunikation,* Internet und Kabelfernsehen dar. Hier werden Übertragungsraten von 10 Gbit/s und mehr erreicht, selbst über riesige Entfernungen. Beim Weiterleiten von Lichtimpulsen über sehr lange Strecken spielt nicht nur die Lichtbrechung des

Glases eine Rolle, sondern auch die Lichtabsorption macht sich zunehmend bemerkbar.

Im Jahr 1966 sagten Charles Kuen Kao (geb. 1933, Nobelpreis 2009) und seine Kollegen voraus, dass sich Nachrichten effizient mit Hilfe von Licht übertragen lassen, wenn es gelingt, die Dämpfung einer Glasfaser auf Werte unter 20 dB/km, also den Absorptionsverlust pro km auf weniger als 99 % zu senken. Der technologische Durchbruch gelang den Corning-Forschern Donald B. Keck (geb. 1941), Robert D. Maurer (geb. 1924) und Peter C. Schultz (geb. 1942) im Jahre 1970, als sie – nach mehrjähriger intensiver Forschung – in Glasfasern aus hochreinem Quarzglas eine Dämpfung von 16 dB/km erzielen konnten. Glasfasern bilden hier nicht nur den Kern der Übertragungsleitungen, auch in den optischen Zwischenverstärkern spielen Glasfasern aus Erbium-dotiertem Glas eine entscheidende Rolle.

Voraussetzung für die erstaunlichen Fähigkeiten optischer Nachrichtenfasern ist deren extrem geringe Lichtabsorption. Man verwendet Fasern aus speziell dotiertem hochreinem Quarzglas, bestehend aus einem Faserkern mit einem Durchmesser von wenigen Mikrometern, der von einem mehrere 10 µm dicken Mantelglas umhüllt ist.

Im Diagramm Abb. 2.45 der spektralen Transmission einer Quarzglasfaser erkennt man Absorptionsbanden von Wasser (OH$^-$) bei 950, 1230 und 1380 und 2730 nm. Das Minimum der Absorption liegt bei etwa 1550 nm im nahen Infrarot. Dieser Spektralbereich wird bevorzugt zur Übertragung über sehr große Strecken benutzt. Heute werden Fasern mit einer Dämpfung unter 0,2 dB/km eingesetzt. Dies bedeutet, dass das in die Faser eingekoppelte Licht auf einer Strecke von 1 km einen Verlust von nur 5 % erfährt. Für geringere Distanzen werden auch die Bänder im nahen Infrarot bei 850 nm und 1310 nm genutzt.

Fasern aus Schwermetallfluorid-Gläsern (z. B. das Glas ZBLAN mit der Zusammensetzung $\mathbf{ZrF_4\text{-}BaF_2\text{-}LaF_3\text{-}AlF_3\text{-}NaF}$) weisen eine noch weit geringere Absorption auf. Anders als bei den Quarzglasfasern ist es bis heute leider noch nicht gelungen, solche Fasern mit Längen von vielen hundert Kilometern herzustellen.

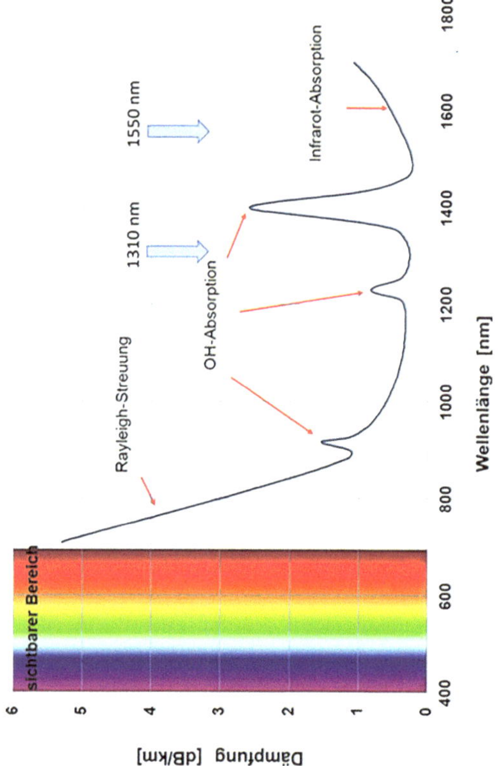

Abb. 2.45   Absorption in einer Kieselglasfaser. (Bildrechte: SCHOTT AG)

2.9 Andere Anwendungen

2.9.1 Anwendungen in der Nukleartechnik

Zum Schutz vor Röntgenstrahlung oder vor Strahlung aus dem radioaktiven Zerfall werden Gläser benötigt, die gegenüber der betreffenden Strahlung resistent sind, d. h. sich optisch, chemisch und mechanisch nicht verändern, gleichzeitig aber auch Strahlenschutz bieten, indem sie den Anteil der durchdringenden Strahlung auf ein unbedenkliches Maß reduzieren.

Im Bereich der Kerntechnik finden *Strahlenschutzgläser* als Sichtfenster Anwendung. Darüber hinaus dienen Spezialgläser zum Nachweis von Elementarteilchen sowie zur Messung der Strahlungsstärke.

2.9.1.1 Sichtfenster

Für den Umgang mit radioaktiven Substanzen mittels Manipulatoren in sog. „heißen Zellen" oder bei der Überwachung kernphysikalischer Prozesse (Kernreaktor) sind strahlungsresistente Gläser mit optischer Qualität als Sichtfenster erforderlich. Ähnlich wie Blei einen guten Schutz gegenüber Röntgen- und Gammastrahlung bietet, zeigen hoch bleihaltige Gläser ebenfalls ein starkes Absorptionsvermögen für diese Strahlung. So werden *Bleisilicatgläser* mit Bleioxidanteilen von bis zu 70 Gew.% für diese Anwendungen geschmolzen (s. Abb. 2.46).

Da solche Gläser unter der Einwirkung von α-, β- und γ-Strahlen zu Verfärbungen neigen, werden sie mit einem Zusatz von ca. 1 % Ceroxid erschmolzen und dadurch strahlungsresistent. Eine Scheibe aus Bleisilicatglas (70 Gew.% PbO) weist ungefähr die gleiche Absorptionswirkung für Röntgenstrahlung auf wie eine halb so starke Bleiplatte.

2.9.1.2 Gläser zum Nachweis von hochenergetischer Strahlung

Speziell dotierte optische Gläser dienen ferner in der Kernphysik zum Nachweis und zur Bestimmung der Energie schnell bewegter geladener Elementarteilchen (Elektronen, Positronen, Höhenstrahlung etc. unter Nutzung des **Tscherenkow-Effekts**).

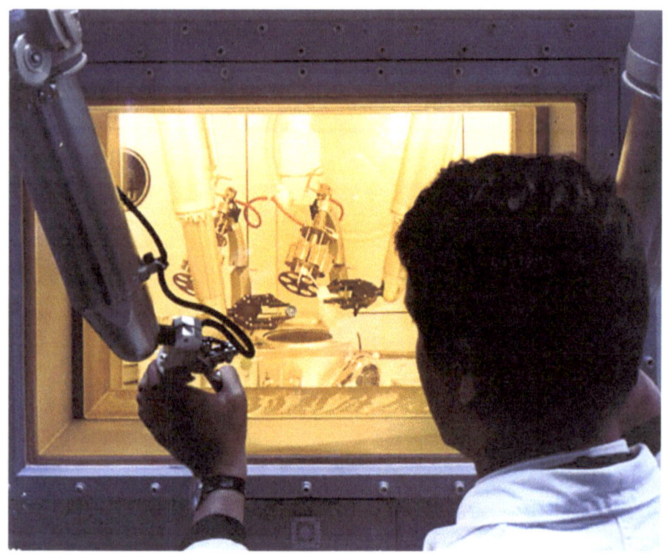

Abb. 2.46 Heiße Zelle mit Strahlenschutzfenster. (Bildrechte: SCHOTT AG)

Auch als *Dosimetergläser* werden Spezialgläser eingesetzt, insbesondere bei der Bestimmung kleinerer Dosen Gamma-strahlung in der Personendosimetrie. Man verwendet meist kobalt- oder silberhaltige Phosphatgläser, die bei Bestrahlung Farbzentren bilden. Die kobalthaltigen Gläser verfärben sich unter Strahleneinwirkung im Wellenlängenbereich zwischen 370 und 425 nm, somit stellt die Verfärbung ein Maß für die aufgenommene Strahlendosis dar. Bei den silberhaltigen Gläsern entstehen bei Bestrahlung Silberkeime; sie führen unter UV-Licht zu einer Fluoreszenz, deren Intensität ein Maß für die Dosis ist.

2.9.2 Glaskeramik im Haushalt und in der Industrie

Bei Hochtemperaturanwendungen werden Bauteile lokal einem starken Temperaturgradienten ausgesetzt. Werkstoffe mit positiven Ausdehnungskoeffizienten erfahren dabei sehr große mechanische Spannungen. Bei einem Material mit *Nullausdehnung* treten dagegen keine Spannungen auf.

Bei Hochtemperaturanwendungen – Anwendungen bis ca. 700 °C – verlaufen Erwärmung oder Abkühlung eines Bauteils typischerweise nicht homogen, sondern einzelne Volumenteile erfahren unterschiedliche Heiz- oder Kühlprozesse. Gläser sind gegenüber solchen Temperaturprozessen nur wenig widerstandsfähig, da im Bereich der Temperaturgradienten mechanische Spannungen entstehen, die schnell die Festigkeitsgrenzen von Glas übersteigen. Glaskeramiken mit thermischer „Nullausdehnung" sind gegenüber derartigen Temperaturprozessen sehr viel robuster und haben somit neue Anwendungsgebiete erschlossen.

2.9.2.1 Glaskeramik-Herdplatten

In der ersten Hälfte der 1970er-Jahre kam die Glaskeramik Ceran® in der Anwendung als Kochfläche auf den Markt (s. Abb. 2.47).

Bei der *Glaskeramik* einer Herdfläche liegen die Bereiche der Heizzone und der Ablagefläche ganz dicht beieinander; im Übergang besteht ein Temperaturunterschied von ca. 500 °C. Normalerweise trennt man solche Bereiche durch eine

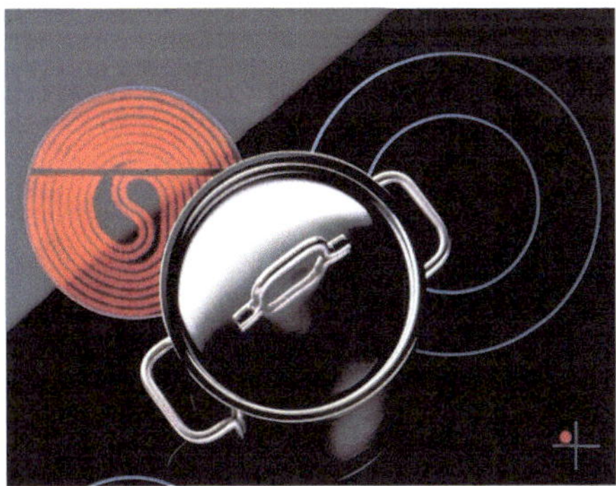

Abb. 2.47 Ceran®-Kochfeld. (Bildrechte: SCHOTT AG)

Abb. 2.48 Kaminsichtscheibe aus Glaskeramik Robax®. (Bildrechte: SCHOTT AG)

Dehnungsfuge, um hohe mechanische Spannungen zu vermeiden. Bei Verwendung der Nullausdehnungs-Glaskeramik ist dies nicht nötig, sondern Heizzone und Ablagefläche gehen kontinuierlich ineinander über. Die Ceran®-Kochfläche zeichnet sich insbesondere durch ihr einfaches Reinigungsverhalten aus und hat sich zunehmend auf dem Markt durchgesetzt.

2.9.2.2 Kaminsichtscheiben

Um Brandgefahren abzuwenden, sind die Anforderungen an die Absicherung von Kaminfeuern gestiegen. Mit dem Einsatz von transparenten Kaminsichtscheiben aus Glaskeramik steht eine ästhetische Lösung zur Verfügung, die das Übergreifen des Feuers vom Kamin auf den Wohnraum verhindert (s. Abb. 2.48). Die Kaminsichtscheibe wird dabei sowohl starken Temperaturgradienten als auch Thermoschock-Situationen ausgesetzt, wenn etwa ein glühender Holzscheit direkt gegen die Scheibe rollt.

2.9.2.3 Hochtemperatursubstrate für industrielle Anwendungen

Glaskeramik-Substrate aus den genannten Glaskeramiken oder einer Hochtemperaturmodifikation (Keatit-Glaskeramik) finden in vielen industriellen Herstellprozessen Anwendung, bei denen Temperaturen im Bereich von 400 bis 700 °C auftreten, so als Fenster in CVD-Beschichtungsanlagen, in denen das Beschichtungssubstrat durch intensive Licht- oder Wärmestrahlung von außen erhitzt wird. Andere Anwendungen sind hochtemperaturfeste Innenauskleidungen von Prozesskammern oder temperaturfeste, formstabile Unterlageplatten für Glassubstrate, beispielsweise bei der Herstellung von Plasmadisplays.

2.9.3 Bioglas

2.9.3.1 Antibakterielles Glas

Antibakterielle Oberflächen finden in jüngster Zeit verstärkt Einsatz in Krankenhäusern, chemischen Laboratorien, aber auch in der Nahrungsmittelindustrie, um erhöhte Forderungen im

Bereich der Hygiene zu realisieren, ebenso im Haushalt (z. B. in Kühlschränken). In der Regel nutzt man dabei eine spezielle Wirkstoffkombination von nanoskaligem Silber (und auch Kupfer), um die Ansiedlung von Bakterien auf der Oberfläche zu verhindern.

Die antimikrobielle Wirkung von Silber ist schon seit langem bekannt. Die wesentlichen Wirkungsmechanismen führen zur Blockierung des Zellstoffwechsels und zur Unterbindung von Zellatmung und Zellteilung. Diese Kombination verhindert das Wachstum von unerwünschten Mikroorganismen auf Oberflächen und lässt sie absterben. Dabei stellt das Glas ein großes Reservoir für den relevanten Wirkstoff Silber dar. Die im Glas gebundenen Silber-Ionen werden mittels der Luftfeuchtigkeit, d. h. durch einen Ionenaustausch mit Wasserstoffionen (Auslaugung), an die Glasoberfläche transportiert. Vorhandene Bakterien werden kontinuierlich abgetötet, die Zahl der Keime wird verringert und nahezu keimfreie Oberflächen bleiben zurück. Die Langzeitwirkung basiert auf der kontinuierlichen Nachlieferung des Wirkstoffes mittels Diffusion aus dem Glasvolumen. Dieser Effekt reicht allerdings nicht aus, um auf eine Reinigung der Glasoberflächen völlig zu verzichten.

2.9.3.2 Dentalglas

Für die Restaurierung von Zähnen, z. B. in Form von Füllungen bei Karies-Behandlungen, werden Kompositmaterialien als Füllstoffe eingesetzt. Ein Hauptbestandteil mit 70 bis 80 % Anteil an diesen Kompositen sind inerte Glaspulver, die aus zirkon-, barium- oder strontium-haltigen Silicatgläsern bestehen. Als hochreines Pulver mit einer Körnung im Mikrometerbereich ermöglicht dieses Glaspulver die exakte Anpassung des optischen Brechwertes der Füllung, um eine möglichst unauffällige Reparatur zu ermöglichen. Die geringe Körnung ermöglicht ein einfaches Polieren der Oberfläche. Der Zusatz der schweren Elemente Barium oder Strontium erhöht den Röntgenkontrast der Füllung, damit eine Füllung im Röntgenbild sichtbar wird. Das harte oxidische Material Glas steigert die Abriebfestigkeit und mechanische Stabilität des Komposits.

Da das Glaspulver nicht sehr reaktiv ist, wird seine Oberfläche durch Silanisierung aktiviert, um einen guten Verbund mit den anderen Komponenten des Verbundes zu erzielen. Ausgehärtet werden die Füllungen mittels kurzzeitiger UV-Bestrahlung.

2.9.3.3 Bioaktives Glas

In den frühen 1970er-Jahren wurde durch Larry L. Hench (geb. 1938) *bioaktives Glas* (Bioglass®) als neue Materialklasse für Knochenimplantate eingeführt. Dieses Glas ist so konzipiert, dass es aktiv Wechselwirkungen mit seinem Umfeld eingeht (im Gegensatz zum passiven Verhalten der chemisch beständigen Gläser). Die chemische Struktur der Glasoberfläche ist derart eingestellt, dass das Implantat aus bioaktivem Glas eine innige Verbindung mit den Knochen und dem Gewebe aufbaut. Die Zusammensetzungen der benutzten bioaktiven Gläser variieren über einen breiten Bereich, benutzt werden in der Regel Oxide von Silicium, Calcium, Natrium und Phosphor. Heute werden häufig Gläser mit der Zusammensetzung 45 % SiO_2, 24,5 % CaO, 24,5 % Na_2O und 6 % P_2O_5 (in Gew.%) eingesetzt.

Die vielfältigen Anwendungen und vergleichenden Untersuchungen von bioaktiven Materialien im Körper haben gezeigt, dass Glas insbesondere durch seine positiven Reaktionen und Verbindungen mit dem weichen Gewebe andere Standardimplantate aus Metall oder Kunststoff übertrifft. Dies beruht darauf, dass bioaktives Glas, wenn es in Knochendefekte inkorporiert wird, eine Oberflächenstruktur bildet, die in Form von Hydroxyl-Carbonat-Apatit ein chemisches und strukturelles Äquivalent zum Knochenmineral darstellt. Die verschiedenen Prozesse der Oberflächenreaktionen von Glas in der Körperflüssigkeit wurden intensiv untersucht.

Bei den umfangreichen Studien stellte man weitere positive Auswirkungen von bioaktiven Materialien im und am Körper fest, die sich in antimikrobiellen und entzündungshemmenden Eigenschaften darstellen. So findet ein feinpulveriges bioaktives Material Anwendung in Kosmetika. Damit können klassische Konservierungsstoffe ersetzt werden, die oft Unverträglichkeiten beim Verbraucher hervorrufen.

2.9.4　Glasflakes

Das Perlmutt der Muschelschalen ist Ausgangspunkt einer interessanten Anwendung von Glasplättchen, sog. *Glasflakes*. Die innere Schicht der Muschelschale, das Perlmutt, besteht zum überwiegenden Teil aus ca. 15 µm durchmessenden und ca. 0,5 µm dicken Calciumcarbonat-Plättchen, die in eine organische Matrix eingebettet sind. Die Plättchen sind parallel zueinander ausgerichtet. Trifft Licht auf diese parallelen Flächen, wird es teilweise reflektiert. Wegen der parallelen Ausrichtung überlagern sich die Reflexe von verschiedenen Flächen, es kommt zu Interferenz, d. h. teilweiser Verstärkung bzw. Auslöschung je nach Einfallsrichtung. Da dieser Effekt von der Wellenlänge, also der Farbe des Lichtes abhängt, kommt es zu farbigen Reflexen (Interferenzfarben), die sich mit dem Blickwinkel ändern (s. Abb. 2.49). So entsteht das faszinierende Irisieren des Perlmutts.

Diesen Effekt nutzt man für die Herstellung von *Effektlacken* z. B. für Automobillackierungen, aber auch für Nagellacke und die Lackierung von Konsumartikeln im Elektronikbereich aus (s. Abb. 2.50). Man mischt dünne Glasplättchen im Dickenbereich von einigen µm und Durchmessern von einigen 10 bis 100 µm in transparente Lacke. Die Plättchen werden mit einer dünnen, hochbrechenden Schicht versehen, um ihr Reflexionsvermögen zu erhöhen. Im noch flüssigen Lack richten sich die Plättchen parallel aus und behalten diese Orientierung im festen Lack bei. So entstehen Lacke mit hoher Brillanz und Farbigkeit, die ihre farbliche Anmutung mit dem Betrachtungswinkel des Beobachters ändern.

Weltweit werden pro Jahr viele 100 t dieser Flakes produziert, wobei überwiegend Kalknatron-Silicatgläser oder Borosilicatgläser verwendet werden. Als Herstellverfahren hat sich ein Zentrifugalverfahren durchgesetzt, bei dem flüssiges Glas in einen stark rotierenden Topf gegossen wird. Das flüssige Glas wird durch die Fliehkraft über den Becherrand geschleudert und in hauchdünnen Fladen abgeschleudert. Dabei kühlt das dünne Glas sehr rasch ab und zerbricht in die gewünschte Flake-Form.

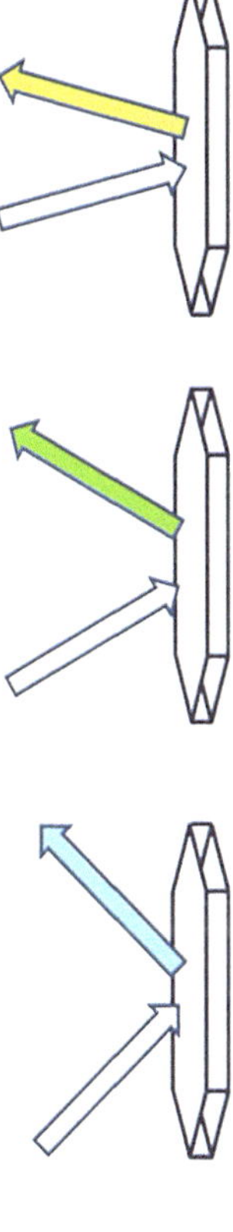

Abb. 2.49   Wirkung von Glasflakes in Effektlacken

Abb. 2.50 Anwendung von Effektlacken, Automobil. (Bildrechte: BASF – The Chemical Company)

Auf dem Prinzip der Herstellung von Christbaumkugeln beruht ein alternatives Verfahren: Ein kleiner Glasposten wird in Automaten zu einer dünnwandigen Hohlkugel aufgeblasen, aus der zermahlenen Glaskugel entstehen die Flakes.

Eine weitere Anwendung von Glasflakes ermöglicht die Herstellung von besonders resistenten Lacken. Glasflakes, die wie oben beschrieben in Lacke eingebracht werden, richten sich zu parallelen Schichten aus (s. Abb. 2.51). Die auf Lücken liegenden Glasflakes erhöhen die Diffusionsbarriere der Lacke und geben ihnen zusätzliche chemische Stabilität. Man kombiniert die chemische Stabilität des Glases mit der leichten Verarbeitbarkeit der Lacke. Hauptanwendung sind hoch beständige Anstriche gegen Seewasser, z. B. für Bohrplattformen.

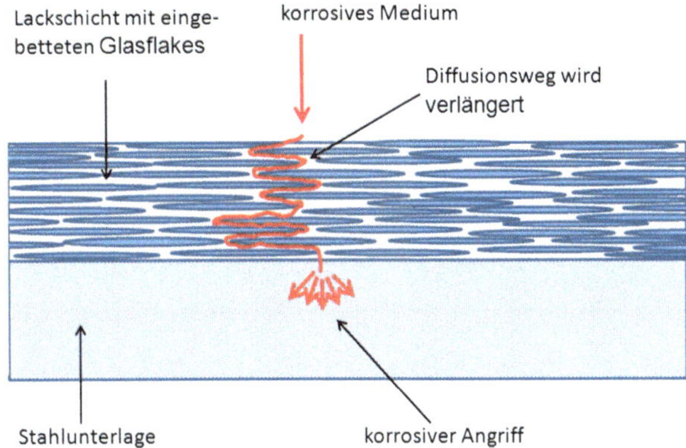

Abb. 2.51 Querschnitt durch eine Korrosionsschutzlack-Beschichtung mit Glasflakes

2.9.5 Mikro-Glaskugeln

Massive *Glaskugeln* mit Durchmessern von 0,02 bis 2 mm können durch eine Vielzahl von Verfahren hergestellt werden. Viele beruhen auf dem Wiedererhitzen von Glasgries bzw. Glasstaub entweder in einem heißen Gasstrom oder beim Fall durch ein entsprechendes Ofensegment. Andere Verfahren zerstäuben einen flüssigen Glasstrom beim Auftreffen auf eine sehr schnell rotierende Scheibe.

Verwendet werden diese Glaskugeln als Reflexionsperlen in Lacken und Kunststofffolien, sie bilden die Basis für reflektierende Verkehrsschilder, reflektierende Streifen auf Kleidungsstücken und vieles mehr, Marktführer ist die US-Firma 3M.

Setzt man dem Ausgangsglas Stoffe zu, die zu einer Gasfreisetzung beim Erhitzen führen, bilden sich gasgefüllte Hohlkugeln im Glasgries. Wählt man das freigesetzte Gas derart, dass es bei Raumtemperatur kondensiert, verfestigt sich das Gas beim Abkühlen und es entstehen Vakuum-Hohlkugeln.

Diese *Hohlkugeln* haben eine sehr hohe mechanische Festigkeit, zerbrechen also nicht als Schüttgut, haben eine geringe Dichte und eine sehr geringe Wärmeleitfähigkeit. Ein Beispiel aus der Produktpalette der Firma 3M hat einen mittleren Durchmesserbereich von 22 µm bei einem Glasanteil des Kugelvolumens von 18 %. Die Kugelwand ist nur 0,18 µm dick, die Dichte der Kugeln beträgt 0,46 g/cm^3. Ihre Hauptanwendung ist die eines Zuschlagstoffes für Kunststoffe. Glashohlkugeln erhöhen die mechanische Festigkeit des Kunststoffes, vermindern sein spezifisches Gewicht und erhöhen sein thermisches Isolationsvermögen.

2.9.6 Optische Datenspeicherung

Bisher haben wir Glas als einen schlechten Leiter (Isolator) kennengelernt. Gläser mit *halbleitenden Eigenschaften* lassen sich herstellen, indem man Oxide von Übergangselementen, z. B. Vanadiumoxid V_2O_5, Eisenoxid Fe_2O_3 oder Manganoxid MnO, einsetzt. Zusammen mit glasbildenden Oxiden (meist mit Phosphorpentoxid P_2O_5) ergeben sich aus den halbleitenden Oxiden Gläser, die auch in der Glasstruktur ihre halbleitenden Eigenschaften behalten (z. B. 85 % V_2O_5, 10 % P_2O_5, 5 % BaO). Dabei lässt sich die Dotierung des Halbleiters über die Konzentration und das Wertigkeitsverhältnis (V^{5+}/V^{4+}, Fe^{3+}/Fe^{2+}) einstellen. In Abb. 2.34 ist zu erkennen, dass die spezifischen elektrischen Widerstände dieser glasigen Halbleiter um viele Größenordnungen niedriger sind als die der ionenleitenden Gläser. Der elektrische Widerstand ist außerdem weniger temperaturabhängig.

Halbleitende Eigenschaften zeigen ferner die sog. *Chalkogenidgläser,* insbesondere die Sulfide, Selenide und Telluride von Arsen (As), Antimon (Sb) und Wismut (Bi). Ihre Schmelztemperaturen liegen wesentlich, teilweise um bis zu 100 °C, unter denen der Oxidgläser. Die Gläser sind jedoch chemisch wenig resistent und somit korrosionsanfällig.

Halbleitende Gläser finden als Speichermedien Anwendung. Auch der Glasübergang selbst kann zum Speichern von Informationen dienen. Wiederbeschreibbare optische Speicher für Computer (CD-RW, DVD-RW) sowie einige wiederbeschreibbare Festkörperspeicher arbeiten nach dem Prinzip des

Phasenwechsels von kristallinem und amorphem, d. h. glasigem Zustand (phase-change-technology).

Die beiden Festkörperzustände stellen die „0" und die „1" im binären Datenspeicher dar. Die zum Einsatz kommenden Glassysteme sind Chalkogenidgläser. Geschaltet wird mit lokalen Aufheizprozessen etwa mittels Laser oder kurzen Stromstößen. Das Auslesen der Daten erfolgt dann über die sehr verschiedenen Leitfähigkeiten der beiden Phasen amorph und kristallin oder über den damit verbundenen starken Unterschied in der Reflexivität im optischen Spektralbereich.

Weiterführende Literatur

Bach H, Neuroth N (1998) The properties of optical glass. Springer, Berlin
Höland W (2006) Glaskeramik. vdf Hochschulverlag AG, Zürich
Benz-Zauner M, Schaeffer HA (Hrsg) (2017) Flachglas – Flat glass, 2. Aufl. Deutsches Museum, München
Schaeffer HA, Benz-Zauner M (Hrsg) (2009) Spezialglas – Specialty glass. Deutsches Museum, München
Pfaender HG (1997) SCHOTT Glaslexikon, 5. Aufl. mvg-Verlag, Landsberg
Oberflächenveredelung von Glas, Fortbildungskurs (2003) Hüttentechnische Vereinigung der Deutschen Glasindustrie (HVG), Offenbach
Festigkeit von Glas, Fortbildungskurs (2001) Hüttentechnische Vereinigung der Deutschen Glasindustrie (HVG), Offenbach
Höland W, Boccaccini AR (Hrsg) (2016) Inorganic Biomaterials, Frontiers Media SA

3.1   Einleitung

Glas ist in der Regel das Ergebnis eines Schmelzprozesses. Die verschiedenen Ausgangsrohstoffe werden gemischt und bei Temperaturen von mehr als 1400 °C (abhängig von der Glaszusammensetzung) kontinuierlich in einem Glasschmelzofen zu einem homogenen Glas geschmolzen.

Bis zum Ende des 19. Jahrhunderts erfolgte das traditionelle Glasschmelzen diskontinuierlich in Keramiktiegeln (sog. Häfen). Kleine Chargen von Spezialgläsern (z. B. optische Gläser) werden auch heute noch diskontinuierlich, häufig in Tiegeln aus einer Platin/Rhodium-Legierung, erschmolzen.

Dem Schmelzen schließt sich die Formgebung an. Kein anderer Werkstoff weist hier ein derart breites Spektrum an Möglichkeiten auf. Glas kann geblasen, gegossen, geschleudert, gezogen, gewalzt und gepresst werden. Somit lassen sich Endprodukte wie Hohlgefäße, Rohre, Scheiben, Folien und Fasern herstellen.

3.2   Glasrohstoffe und Recyclingscherben

Bei der großtechnischen Glasherstellung sollten die *Rohstoffe* für die Hauptkomponenten der Glaszusammensetzung möglichst ortsnah verfügbar sein. Diese Forderung gilt vorrangig für die Massengläser (Kalknatron-Silicatgläser) mit ihren hohen

© Springer-Verlag GmbH Deutschland,   151
ein Teil von Springer Nature 2020
H. A. Schaeffer und R. Langfeld, *Werkstoff Glas,*
Technik im Fokus, https://doi.org/10.1007/978-3-662-60260-7_3

Anteilen an SiO_2 (>70 Gew.%). Deshalb findet man Standorte der Glasherstellung häufig in der Nähe von Quarzlagerstätten, in Deutschland vorrangig im Köln-Aachener Raum (Lagerstätte bei Frechen) sowie im Elbe-Weser-Gebiet (Lagerstätten u. a. bei Grasleben, Duingen, Dörentrup).

Quarzsande sind dann für die Glasherstellung geeignet, wenn sie geringe Eisenoxid-Verunreinigungen aufweisen, da bereits geringste Beimengungen eine Grünfärbung hervorrufen. Bei einem Anteil von 0,5 Gew.% Eisenoxid spricht man von „Grünglas" (zum Vergleich: Glas für Lichtleitfasern in der Telekommunikation darf höchstens eine Konzentration von 1 Milliardstel (1 ppb) Gew.% Eisenoxid aufweisen, vgl. auch Abschn. 1.6.5).

Quarzsande können erst bei Temperaturen oberhalb von 2000 °C zu Gläsern verarbeitet werden. Es werden deshalb Alkalien in Form von Carbonaten als Flussmittel zugegeben, um die Schmelztemperatur abzusenken. Das wichtigste Flussmittel ist Soda (Natriumcarbonat). Sie liegt nur selten als natürlicher Rohstoff vor und wird synthetisch nach dem Solvay-Verfahren (1865 von Ernest Solvay entwickelt) hergestellt. Bei einem Kalknatron-Silicatglas entfallen ca. 70 % der Rohstoffkosten auf die Soda, obgleich diese nur mit ca. 13 % im Glas enthalten ist. Bevor synthetische Soda verfügbar war, gewann man *Alkalicarbonate* aus der Veraschung von Seetang (überwiegend Natriumcarbonat) oder von Holz (überwiegend Kaliumcarbonat).

Die *Erdalkalioxide* (CaO und MgO) stellen den dritten Hauptbestandteil des Glases dar; wie die Alkalioxide werden sie dem Gemenge als Carbonate zugeführt. Sie liegen in ausreichenden Mengen als natürliche Rohstoffe vor, z. B. als Kalkstein ($CaCO_3$) oder Dolomit ($CaCO_3 \cdot MgCO_3$).

Außerdem wird dem Gemenge von Kalknatron-Silicatgläsern Natriumsulfat (Na_2SO_4) in Anteilen von ca. 0,3 % als *Läuterungsmittel* zugegeben, das in der Schmelze gelöste Gase austreibt. Im Läuterprozess spaltet Natriumsulfat bei Temperaturen von mehr als 1300 °C Schwefeldioxid SO_2 und Sauerstoff unter Blasenbildung ab. Diese Blasen sammeln weitere im Glas gelöste Gase ein, vergrößern sich demzufolge und steigen mit erhöhter Geschwindigkeit zur Schmelzoberfläche auf.

Borosilicatgläser enthalten zudem als wichtigen Bestandteil Boroxid, das aus borhaltigen Mineralien (Borax $Na_2B_4O_7 \cdot 10H_2O$ oder Colemanit $2CaO \cdot 3B_2O_3 \cdot 5H_2O$) aufbereitet werden muss und somit einen kostenintensiven Ausgangsstoff darstellt.

Auch mit geringen Anteilen von Aluminiumoxid werden viele Gläser hergestellt. Dabei kann weitgehend auf tonerdehaltige Rohstoffe zurückgegriffen werden, wie etwa auf Feldspäte, Pegmatite oder Nephelin-Syenit. Als Vorteil erweist sich, dass diese Rohstoffe dem Glas auch gleichzeitig Alkalioxide zuführen und somit die benötigte Menge an teurer Soda reduziert werden kann. Alle übrigen Bestandteile, beispielsweise die Farboxide, werden dem Glasgemenge als synthetische Rohstoffe zugesetzt.

Die abgewogenen Gemengebestandteile weisen eine Korngröße von 0,05 bis 0,5 mm auf. Sie werden angefeuchtet (ca. 3 % Gemengefeuchtigkeit) und homogen gemischt, bevor sie in den Glasschmelzofen eingelegt werden.

Die Zugabe von Glasscherben (Eigen- und Recyclingscherben) wirkt sich schmelzbeschleunigend und energiesparend aus, da die chemischen Reaktionen zwischen den einzelnen Glasbestandteilen hier bereits abgeschlossen sind. Bei einer reinen Scherbenschmelze werden ca. 25 % Schmelzenergie weniger verbraucht. Somit ist das Glasrecycling ein wesentlicher ökologischer Beitrag zur Reduzierung der CO_2-Emissionen, siehe auch Abschn. 3.3.4.

Als weitere Vorteile sind das Einsparen von Rohstoffen (insbesondere von Soda) sowie die Entlastung der Abfalldeponien zu erwähnen.

Seit Mitte der 1970er Jahre wurde in der Bundesrepublik Deutschland ein flächendeckendes System von Altglas-Sammelstellen für Einweg-Behälterglas aufgebaut. Seit über einem Jahrzehnt bewegt sich die Recyclingquote in Deutschland (bezogen auf die in Deutschland auf den Markt gebrachte Menge an Glasverpackungen) zwischen 80 % und 89 %.

Führend auf dem Gebiet des Glasrecyclings sind in Europa die Schweiz und Belgien mit einer Quote von über 95 %. Europaweit sind im Jahr 2017 rund 12 Mio. t Behälterglas für ein Recycling gesammelt worden, dies entspricht einer Quote von 74 %.

Bei der Behälterglasproduktion stellen Altglasscherben inzwischen den Hauptrohstoff dar. Grünglas wird mit Scherbenanteilen von bis zu 95 %, Braunglas mit 60 % bis 80 % und Weißglas mit 50 % bis 70 % erschmolzen. (s. Abb. 3.1 und 3.2).

Ein derart hoher Scherbeneinsatz ist nur durch die farbgetrennte Sammlung von Glasartikeln und die Aussortierung von Fremdstoffen und Fremdscherben möglich, die zu Verunreinigungen der Glasschmelze führen würden. Besonders Scherben von Keramik und Porzellan sowie Steine und bestimmte

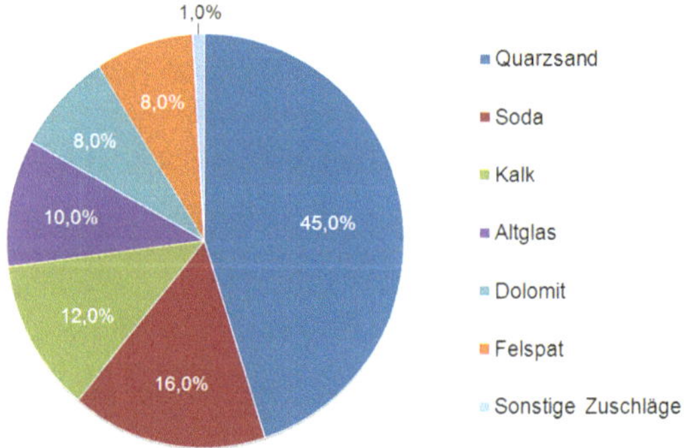

Abb. 3.1 Rohstoffe für die Herstellung von Grünglas im Jahre 1972

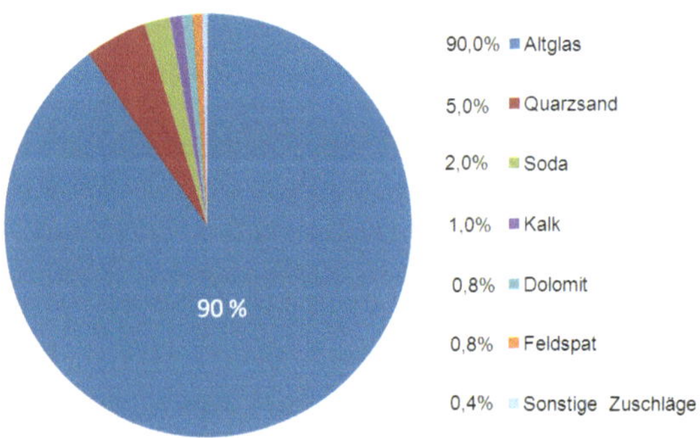

Abb. 3.2 Rohstoffe für die Herstellung von Grünglas mit Recycling-Scherben

Metalle (Al, Fe, Pb), aber auch andersartig zusammengesetzte Gläser wie Glaskeramik, Quarzglas und Bleikristallglas würden den Schmelzprozess beeinträchtigen.

In der Altglasaufbereitung werden zur Abscheidung von Metallen Magnetabscheider und Wirbelstromdetektoren eingesetzt; die Aussortierung von Keramik, Porzellan und Steinen erfolgt mittels optischer Detektoren und einer Ausblas-Vorrichtung.

Bei der Herstellung von Flachglas (Floatglas) werden keine Recyclingscherben (z. B. von Verglasungen aus dem Abriss von Gebäuden oder der Verschrottung von Fahrzeugen) eingesetzt. Die hohe optische Qualität von Flachglas erfordert Rohstoffe mit hoher Reinheit, die bei Recyclingscherben trotz Aufbereitungsverfahren nicht erreicht wird. Deshalb werden nur Eigenscherben, die beim Verschnitt anfallen, wieder eingeschmolzen. Dagegen können nicht zu stark verunreinigte Flachglasscherben nach einer konventionellen Aufbereitung teilweise bei der Schmelze von Glas- und Steinwollefasern (Isolierfasern) verwendet werden. Bei diesen Fasern spielt die optische Qualität keine Rolle, sodass Verunreinigungen eher zu tolerieren sind.

3.3 Glasschmelzöfen

Da das Schmelzen der Glasrohstoffe den zentralen Prozess der Herstellung von Glas darstellt, spielen die Schmelzöfen eine herausragende Rolle. Sie erreichten früher Temperaturen von 1000 bis 1200 °C. Heute wird Glas, je nach seiner Zusammensetzung, bei 1400 bis 1700 °C erschmolzen.

Glasschmelzöfen bestehen aus einer rechteckigen, mit einem Gewölbe abgedeckten Wanne, die mit Feuerfestmaterial (überwiegend auf der Basis von Zirkondioxid, Aluminiumoxid und Siliciumdioxid) ausgekleidet ist. An einem Ende erfolgt die Zuführung des Gemenges, am anderen die Entnahme des fertig geschmolzenen Glases (s. Abb. 3.3). Glasströmungen („Konvektionswalzen") im Wannenbecken sorgen für das Homogenisieren und Läutern der Schmelze. Die Schmelzöfen sind als Durchlass-Wannen ausgelegt. Der Durchlass – ein Kanal

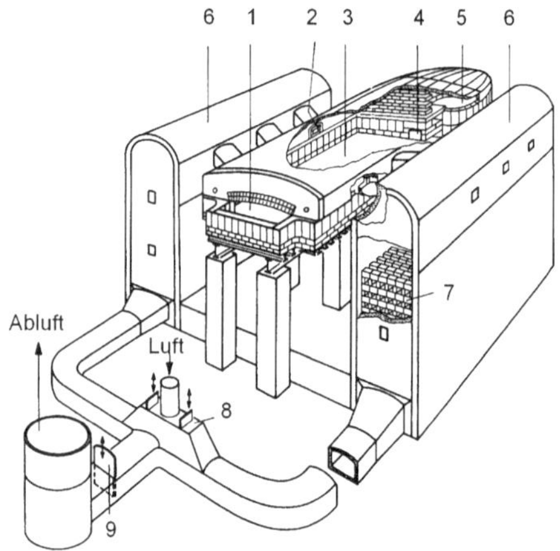

Abb. 3.3 Querbeheizte Durchlasswanne. *1* Einlegevorbau, *2* Brenner, *3* Schmelzwanne, *4* Durchlass, *5* Arbeitswanne, *6* Regeneratoren, *7* Kammergitterung, *8* Wechselorgan, *9* Kaminschieber. (Bildrechte: W. Trier: Glasschmelzöfen, Springer Verlag 1984)

am Wannenboden – verhindert, dass nicht homogenisierte und ungenügend geläuterte Glasschmelze an der Badoberfläche in die Arbeitswanne übertritt (s. Abb. 3.4 und 3.5). Allerdings wird dadurch eine geringe Rückströmung in Kauf genommen.

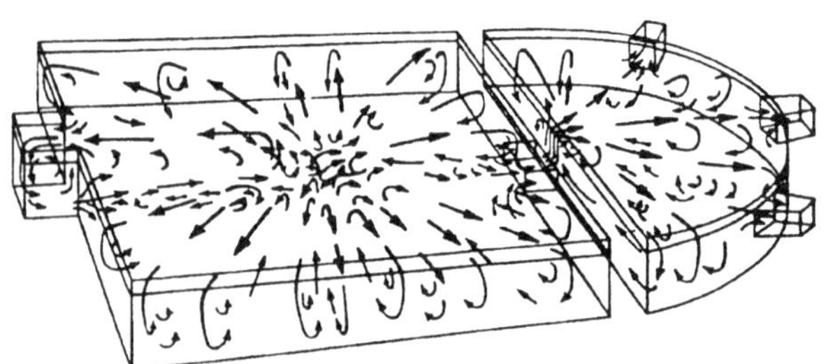

Abb. 3.4 Konvektionsströmungen in einer Durchlasswanne (dreidimensional)

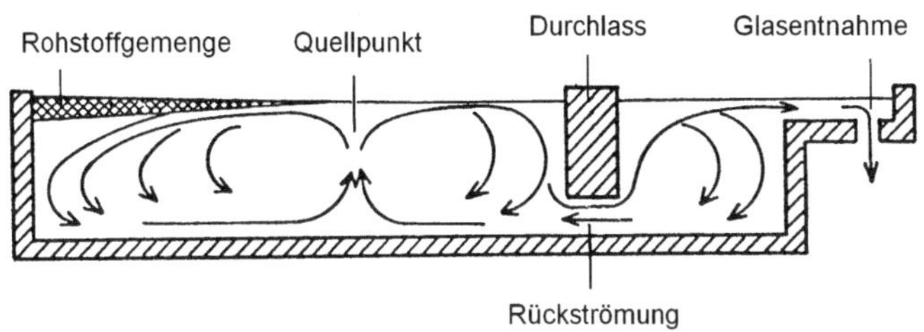

Abb. 3.5 Konvektionsströmungen in einer Durchlasswanne (zweidimensional)

Glasschmelzöfen werden im Wesentlichen nach der Art der Beheizung (Gas, Öl, Elektrizität), der Flammenrichtung (quer- oder stirnbeheizt, bezogen auf die Richtung der Glasentnahme) und der Art der Rückgewinnung der Abgaswärme (rekuperativ oder regenerativ) charakterisiert.

Für die rekuperative Wärmerückgewinnung ist ein kontinuierlich arbeitender Wärmeaustauscher (sog. *Rekuperator*) erforderlich. Dabei werden die heißen Abgase durch Rohre aus einem gut wärmeleitenden Material geführt, während die Verbrennungsluft diese Rohre umströmt und somit vorgewärmt wird. Die maximalen Vorwärm-Temperaturen der Luft liegen für Stahlrekuperatoren bei 700 °C.

Die Wärmerückgewinnung durch *Regeneratoren* (bestehend aus hochgezogenen Kammern zu beiden Seiten der Glasschmelzwanne) erfolgt dagegen diskontinuierlich. Die Kammern sind im Inneren mit einem Gitterwerk aus Feuerfeststeinen bestückt, die von den heißen Abgasen umströmt und aufgeheizt werden. Wenn das Gitterwerk eine definierte Temperatur angenommen hat (größer als 1100 °C), wird die Befeuerungsrichtung gewechselt, die Verbrennungsluft wird durch die Kammer geleitet und heizt sich auf.

Die größten Schmelzaggregate sind häufig mit Erdgas betriebene, querbeheizte Regenerativwannen, etwa für die Flachglasproduktion (Floatglas) mit einer Leistung von bis zu 1000 t/ Tag (s. Abb. 3.6). Für die Herstellung von Behälterglas (z. B. Flaschen) werden oft stirnbeheizte Regenerativwannen (sog. U-Flammenwannen) eingesetzt mit Tagesproduktionen von bis zu 400 t/d.

Abb. 3.6 Blick in eine querbeheizte Glasschmelzwanne. (Bildrechte: HVG Offenbach)

3.3.1 Energiebedarf

Die zum Erschmelzen des Glases notwendige Energie wird entweder als Verbrennungsenergie fossiler Brennstoffe wie Erdgas und Heizöl oder in Form von elektrischer Energie zugeführt. Von Interesse ist dabei, welche Energiemenge für das Schmelzen einer Tonne Glas erforderlich ist. Dieser *Energiebedarf* wird in Gigajoule pro Tonne (GJ/t) oder in Megawatt-Stunden pro Tonne (MWh/t) angegeben (1 GJ/t = 0,28 MWh/t). Für eine Kalknatron-Silicatglasschmelze (ohne Scherbenzusatz) errechnet sich theoretisch ein Energiebedarf von 2,6 GJ/t. Bei den energetisch optimierten Behälterglas-Wannen mit einem Energiebedarf von 2,9 GJ/t gelingt es, dem theoretischen Wert sehr nahe zu kommen. Dies hängt von vielen Parametern ab, u. a. vom Scherbenanteil, von einer möglichen Vorwärmung der eingebrachten Rohstoffe und Scherben durch die heißen Abgase, von der Bauweise des Schmelzaggregates und dessen Wärmeisolation, von der Art des Energieträgers und von der spezifischen Schmelzleistung. Letztere gibt an, wie viel Tonnen Glas täglich pro Quadratmeter Schmelzfläche erzeugt werden (Dimension: $t/(m^2 \cdot d)$). Die spezifische Schmelzleistung lässt erkennen, dass der Energieaufwand entscheidend von der Verweildauer der Glasschmelze im Schmelzofen beeinflusst wird, andererseits hat diese wiederum Einfluss auf die Homogenität der Glasschmelze. In schwach belasteten Wannen verweilt die Glasschmelze länger und homogenisiert sich besser als in hoch belasteten Wannen. Beispielsweise werden in der Behälterglasindustrie Glasschmelzwannen mit bis zu 4 t/(m² · d) belastet, Floatglaswannen mit ca. 2 und viele Spezialglaswannen mit weniger als 1 t/(m² · d). In dieser Reihenfolge nehmen die Homogenität und die Glasqualität zu und somit auch der Energiebedarf.

Der mittlere Energiebedarf zum Schmelzen verschiedener Glasarten beträgt für Behälterglas 4,7 GJ/t, für Floatglas 6,5 GJ/t und für Spezialglas 9,4 GJ/t.

3.3.2 Flammenbeheizung

Die *Wärmeübertragung* von der Erdgas- oder Heizölflamme in die Glasschmelze erfolgt überwiegend durch Strahlung und Reflexion an der Gewölbedecke des Glasschmelzofens. Für die Wärmestrahlungsleistung P (gemessen in Watt) gilt das Stefan-Boltzmann-Gesetz:

$$P = \epsilon \cdot \sigma \cdot A \cdot T^4.$$

Dabei sind ε das Emissionsvermögen (≤ 1), σ die Stefan-Boltzmann-Konstante, A die strahlende Fläche, T die absolute Temperatur.

Mit zunehmender Temperatur steigt der Strahlungsanteil exponentiell an. Gasflammen strahlen aufgrund ihrer Verbrennungsprodukte Kohlendioxid CO_2 und Wasserdampf H_2O überwiegend im Infraroten und sind daher kaum sichtbar. Heizölflammen dagegen enthalten Rußpartikel und strahlen daher über den gesamten Spektralbereich sowohl im Infraroten als auch im Sichtbaren (sog. Schwarzkörper-Strahlung). Die Wärmeübertragung durch Aufheizung des Ofengewölbes und Re-Emission ist ebenfalls eine Schwarzkörper-Strahlung.

> **Wo ist eine Flamme am heißesten?**
>
> Ein Trick, der kleine Kinder verblüfft: Man kann einen Finger durch den hellen Teil einer Kerzenflamme bewegen, ohne sich zu verbrennen (wenn man nicht zu langsam durch die Flamme streicht). Gleichwohl kann man sich mit einer Kerzenflamme empfindlich verbrennen. Wie ist das zu erklären?
>
> In dem Bereich, in dem die Kerzenflamme hell leuchtet, gibt sie nur verhältnismäßig wenig Energie durch Strahlung ab. Am Schein einer Kerze kann man sich also nicht die Finger wärmen. Wie jede Flamme gibt die Kerzenflamme nur einen geringen Teil ihrer Energie als sichtbare oder Wärmestrahlung ab. Der weitaus größere Teil der Energie steckt in den heißen Verbrennungsgasen, die nach oben steigen. Darum verbrennt man sich oberhalb der sichtbaren Flamme sehr schnell die Finger.
>
> Angewendet auf die Flammenbeheizung einer Glaswanne bedeutet dies: Nur ein geringer Teil der Wärmeenergie geht über die Strahlung der Flamme in das Glasbad über. Zudem ist Glas ja durchsichtig und nimmt nur wenig Energie durch Absorption der Strahlung auf! Der überwiegende Teil der Verbrennungsenergie wird über die heißen Abgase an das darüberliegende Gewölbe abgegeben, das sich stark erhitzt und selbst Wärmestrahlung abgibt, die auf die Glasschmelze übergeht.

Eine interessante und umweltschonende Alternative bei der Befeuerung von Glasschmelzwannen wurde in den 1990er-Jahren entwickelt – die sog. *Oxy-Fuel-Technologie* (Sauerstoff-Erdgas-Verbrennung). Anstelle von Luft, die etwa 78 % Stickstoff und 21 % Sauerstoff enthält, wird dabei fast reiner Sauerstoff (>95 %) eingesetzt. Das spart Energie, da nur der für die Verbrennung notwendige Sauerstoff und somit ein viel kleineres Gasvolumen erhitzt werden muss. Darüber hinaus können, bedingt durch die weitgehende Abwesenheit von Stickstoff, keine thermischen, im Verbrennungsprozess gebildeten Stickoxide

NO$_x$ entstehen, die die Umwelt belasten. Da die Sauerstoff-Erdgas-Flamme eine höhere Flammentemperatur erzielt, ist diese Art der Befeuerung bei Spezialglasschmelzen von Vorteil, beispielsweise bei Borosilicatschmelzen, die höhere Schmelztemperaturen erfordern. Andererseits müssen die Kosten für die Bereitstellung des Sauerstoffs gegengerechnet werden. Es hängt daher von einer kostengünstigen, ortsnahen Verfügbarkeit von Sauerstoff, von den geforderten Grenzwerten bei der NO$_x$-Emission und von der Glaszusammensetzung ab, ob die Sauerstoff-Erdgas-Befeuerung aus Qualitäts- und/oder Kostengründen eine sinnvolle Option darstellt.

3.3.3 Elektrobeheizung

Bei der *Elektroschmelze* nutzt man die elektrische Ionenleitfähigkeit der Glasschmelze. Mittels Stabelektroden wird Strom in die Schmelze eingeleitet und erzeugt „Joulesche Wärme". Die entstehende Energie Q in Watt mal Sekunde (Ws = Joule) berechnet sich wie folgt:

$$Q = \mathrm{I}^2 \cdot R \cdot t \,.$$

Dabei bedeuten I die Stromstärke, R der elektrische Widerstand der Glasschmelze, t die Zeit.

Elektrisch beheizte Wannen weisen einen hohen Wirkungsgrad auf, da die Wärme in der Glasschmelze direkt erzeugt wird und der Gemengeteppich eine wärmeisolierende Schicht auf der Oberfläche der Schmelze bildet. Somit entstehen weniger Wärmeverluste als bei der Flammenbeheizung. Insbesondere bei kleineren Schmelzaggregaten (<20 t/d) ist die vollelektrische Beheizung wirtschaftlicher. Darüber hinaus sind elektrisch beheizte Wannen umweltschonend, da schädliche Verbrennungsgase entfallen.

In flammenbeheizten Wannen werden häufig elektrische Zusatzheizungen eingesetzt. Dieses sog. „Boosting" bewirkt einen zusätzlichen Wärmeeintrag – etwa an Stellen, die von den Flammen nicht erreicht werden – und stabilisiert Konvektionsströmungen in der Schmelze, etwa am Quellpunkt.

3.3.4 Umweltschutz

Die Vermeidung schädlicher Emissionen ist auch für die Glasindustrie eine wichtige ökologische Aufgabe.

Bei den Emissionen aus dem Glasschmelzprozess handelt es sich zum einen um Staub und zum anderen um Schadgase.

Die Staubemissionen werden hauptsächlich durch die Verdampfung von Gemenge- und Glasbestandteilen verursacht. Zusätzlich findet eine direkte Verstaubung des Gemenges speziell im Einlegebereich statt.

Schadgase bilden sich beim Verbrennungsprozess – durch thermische Stickoxide (NO_x) aus den Bestandteilen der Luft (Stickstoff und Sauerstoff) sowie durch Schwefelverbindungen (SO_x) aus den fossilen Brennstoffen (Erdgas, Heizöl) und aus den verwendeten Rohstoffen (z. B. Natriumsulfat als Läutermittel). Finden sich genügend Reaktionspartner, z. B. in Form von Alkalien im Abgas, dann wird ein entsprechender Anteil der gasförmigen Schwefeloxidverbindungen im Staub gebunden (z. B. als Na_2SO_4).

Anorganische gasförmige Fluor- und Chlorverbindungen (HF bzw. HCl) resultieren aus den Verunreinigungen der Gemengebestandteile. Fluorgetrübte Gläser oder der Einsatz einer NaCl-Läuterung können das Emissionsniveau deutlich anheben.

Kohlenmonoxid-Emissionen (CO) sind das Ergebnis unvollständiger Verbrennung, resultierend aus dem Bemühen der Anlagenbetreiber, aus energetischen Gründen und zur Reduzierung von Stickstoffoxiden eine nahstöchiometrische Verbrennung zu realisieren.

Emissionen organischer Verbindungen und unverbrannter Kohlenwasserstoffe bzw. Dioxine und Furane spielen keine oder nur eine untergeordnete Rolle.

In Deutschland sind sämtliche Glasschmelzaggregate mit Abgasreinigungsanlagen ausgerüstet. Die Staubabscheidung erfolgt mit Hilfe von Elektrofiltern oder filternden Abscheidern (Gewebefilteranlagen) mit vorgeschalteten Sorptionsstufen, um saure Abgase (Schwefel, Chlor, Fluor) durch Zugabe eines Sorptionsmittels zu binden. Oft wird Kalkhydrat $Ca(OH)_2$ eingesetzt, und die entstehenden Reaktionsprodukte

Calciumsulfat ($CaSO_4$), Calciumchlorid ($CaCl_2$) und Calciumfluorid (CaF_2) werden in der Filteranlage abgeschieden. Hohe Abgastemperaturen beeinflussen den Abscheidegrad positiv. Der Filterstaub kann dem Glasgemenge dann wieder zugeführt werden.

(s. Abb. 3.7).

Der Abbau von NO_x im Abgas, die sogenannte *Entstickung,* ist ein aufwändiger Prozess. Zunächst wird versucht, die NO_x-Emission mittels neuer Brennertypen und gezielter Luftzufuhr zu verringern. Wenn diese primären Maßnahmen nicht ausreichen, werden sekundäre Minderungsverfahren eingesetzt, die auf der Reduktion des NO_x zu N_2 beruhen. Überwiegend kommt das SCR-Verfahren (selective catalytic reduction) zum Einsatz. Hierbei wird der gereinigte Abgasstrom mit NH_3 (meist 25 %-ige Ammoniaklösung) vermischt und bei ca. 350 °C in einen Waben-Katalysator (auf Titandioxid-, Vanadiumpentoxid- oder Wolframdioxid-Basis) eingeleitet. Es werden Abscheidegrade von bis zu 90 % erreicht. Gelegentlich setzt man das SNCR-Verfahren (selective non catalytic reduction) ein, hier wird dem Abgasstrom im Temperaturbereich zwischen 850 °C und 1050 °C eine Ammoniak- oder Harnstofflösung als Reduktionsmittel zugegeben.

Glasschmelzwannen mit reiner Brennstoff-Sauerstoff-Feuerung (sogenannte Oxy-Fuel-Feuerung, kein Stickstoff aus der Luft zur Bildung von NO_x vorhanden) bieten hinsichtlich der Luftreinhaltung den großen Vorteil, dass die Emissionen an Stickstoffoxiden auf einem Niveau liegen, die mit konventioneller Feuerungstechnik nur durch sekundäre Maßnahmen erreicht werden können.

Kohlendioxid (CO_2), das bei der Verbrennung fossiler Energieträger und bei der Carbonat-Zersetzung von Gemengebestandteilen freigesetzt wird, zählt nicht zu den Schadgasen im engeren Sinne. Aufgrund der Diskussionen um den Klimawandel und den Emissionshandel kommt den CO_2-Emissionen eine immer größere Bedeutung zu. Jede Energieeinsparung, aber auch die Erhöhung des Scherbenanteils am Gemenge beim Schmelzprozess, reduziert die Abgabe von CO_2. In den letzten 27 Jahren konnte die Glasindustrie in Deutschland den spezifischen

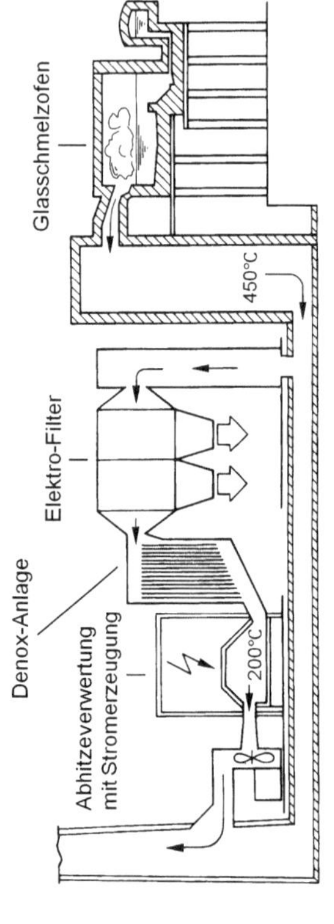

Abb. 3.7 Abgasreinigungsanlage einer Glasschmelzwanne. (Bildrechte: Glastechn. Ber. 59 (1986) DGG)

CO_2-Ausstoß um 29 % mindern. Wurden im Jahre 1990 noch 1070 kg CO_2 pro Tonne Glas ausgestoßen, reduzierte sich dieser Wert im Jahre 2017 auf nur noch 757 kg CO_2 pro Tonne Glas. Eine weitere CO_2-Reduzierung wird davon abhängen, in welchem Umfang elektrischer Strom aus regenerativen Anlagen zur Verfügung steht. Die Oxy-Fuel-Feuerung mit oder ohne elektrische Zusatzheizung wäre dann eine Option – für den Oxy-Fuel-Betrieb können Sauerstoff und Wasserstoff aus der Elektrolyse mittels regenerativen Stroms eingesetzt und die Elektroden mit regenerativ erzeugtem Strom beheizt werden.

3.4 Formgebung

Wer einen Glasmacher beobachtet, ist immer wieder überrascht, wie viel Geschick erforderlich ist, um das zähflüssige Glas zu handhaben und zu gestalten. Es darf nicht zu heiß sein, sonst fließt es weg, es darf nicht zu kalt sein, sonst lässt es sich nicht verformen. Die entscheidende physikalische Eigenschaft für die Formgebung ist die Viskosität. Wegen der starken Temperaturabhängigkeit der Glasviskosität ist es möglich, für jede Art der Verformung den geeigneten Temperaturbereich und damit die passende Zähigkeit zu wählen. Für die Glasverarbeitung ist zudem von Bedeutung, wie stark sich die Viskosität einer vorliegenden Glaszusammensetzung in einem bestimmten Temperaturintervall ändert (Steilheit der Viskositäts-Temperatur-Kurve). Für eine schnell laufende Formgebungsmaschine (etwa bei der Flaschenproduktion) wird ein „kurzes" Glas benötigt, da der Glasartikel nach dem Verlassen der Fertigform möglichst rasch seine Standfestigkeit erreichen soll. Er darf sich unter seinem Eigengewicht nicht verformen. Ein „langes" Glas (die Viskosität wird bei Temperaturveränderung weniger stark beeinflusst) dagegen ist von Vorteil, wenn komplexe, zeitaufwendige Formgebungsvorgänge erforderlich sind, so bei Arbeiten des Glasbläsers vor der Flamme. Der Temperaturverlauf der jeweiligen Glasviskosität erklärt das breite Spektrum an Formgebungsverfahren: Blasen, Gießen, Schleudern, Ziehen, Walzen und Pressen.

Im Folgenden wird die Herstellung der wirtschaftlich wichtigsten Glasprodukte – Flachglas, Hohlglas, Glasrohre und Glasfasern – näher betrachtet. Die historische Entwicklung der unterschiedlichen Glasherstellungsverfahren wurde bereits im Abschn. 1.2. beschrieben.

3.4.1 Herstellung von Flachglas

Um 1960 revolutionierte das in England entwickelte *Floatverfahren* die Fertigung von Flachglas. Seit der ersten automatisierten kontinuierlichen Herstellung in den 20er-Jahren des 20. Jahrhunderts stellte man Flachglas entweder als Spiegelglas oder als Tafelglas her. Spiegelglas (Schaufensterscheiben, Spiegel) wurde kontinuierlich als Glasband gewalzt und anschließend als einzelne Scheibe geschliffen und poliert. Tafelglas dagegen zog man aus der Schmelze kontinuierlich als Band nach oben, wobei man nicht die Planität und Oberflächengüte des Spiegelglases erreichte. Es fand vorwiegend als normales Fensterglas Verwendung, vgl. auch Abschn. 1.2.5. Mit dem 1952 patentierten Floatverfahren, das im Herstellungsprozess verzerrungsfreie und plane Oberflächen in Spiegelglasqualität liefert, wurde diese Unterscheidung hinfällig. Heute wird für Verglasungen von Gebäuden und Fahrzeugen sowie für Spiegel ausschließlich Floatglas verwendet.

Die Idee, Glas auf Metallschmelzen flach zu formen und damit auch auf der Unterlage eine Feuerpolitur zu erzielen, ist nicht neu. Schon Mitte des 19. Jahrhunderts schlug der Engländer Henry Bessemer (1813–1898) vor, das auch heute noch verwendete Zinn als Schmelzunterlage zu verwenden. Der Amerikaner William E. Heal beschreibt in seinem Patent von 1902 die kontinuierliche Glaszufuhr auf einer Zinnschmelze, das Ausfließen und Abziehen des Glases von der Schmelze und das anschließende Kühlen. In den 1950er-Jahren griff man die Idee wieder auf. Pilkington Brothers Ltd., St. Helens, Großbritannien, begann im Jahre 1952 mit ersten Versuchen.

> **Das Wettrennen um die moderne Fensterglasherstellung**

Nach dem Zweiten Weltkrieg bestand ein großer Bedarf an Flachglas. Man erkannte, dass für eine Massenproduktion ein Gießverfahren – im Vergleich zu den bestehenden Vertikal-Ziehverfahren – größere Glasdurchsätze ermöglicht. Neben der Produktionssteigerung sollte auch eine Spiegelglas-Qualität erreicht werden. Zwei Produzenten lieferten sich nun ein Wettrennen: die Firmen Saint-Gobain in Frankreich und Pilkington in Großbritannien. Saint-Gobain entwickelte das Gussglas-Walzverfahren weiter, indem das kontinuierlich laufende Glasband gleichzeitig von oben und unten erst geschliffen und dann poliert wurde. Im Gegensatz dazu setzte die Firma Pilkington Brothers auf ein völlig neues Formgebungskonzept. Unter der Leitung des Ingenieurs Alastair Pilkington (1920–1995, nicht verwandt mit den Firmen-Eigentümern) wurde in einem Zeitraum von sieben Jahren – trotz vieler Rückschläge und enormer Entwicklungskosten – das Floatverfahren entwickelt. Das Gieß-Prinzip wurde beibehalten, aber gegossen wurde nun auf eine Metallschmelze, also auf eine absolut plane Unterlage. Somit konnte das aufwendige Schleifen und Polieren entfallen. Das von Saint-Gobain entwickelte Verfahren setzte sich nicht durch, während das Floatverfahren innerhalb von zwei Jahrzehnten alle übrigen bis dahin bestehenden Techniken der Flachglasherstellung ablöste. Heute existieren weltweit über 350 Floatanlagen mit Tagesleistungen zwischen 400 und 1000 t. Die Entwicklung des Floatverfahrens gilt als eine der bedeutendsten glastechnischen Erfindungen. Alastair Pilkington wurde 1970 geadelt und in das Central Advisory Council für Science and Technology berufen.

Das englische Verb „to float" bedeutet, „schwimmen, schweben". Das geschmolzene Glas, etwa 1050 °C heiß, fließt aus dem Glasschmelzofen kontinuierlich über einen Lippenstein aus hochwertigem Feuerfestmaterial auf das flüssige Zinnbad, breitet sich auf der Oberfläche aus und erstarrt, während es horizontal über das Zinn gezogen wird (s. Abb. 3.8). Eine mit leichtem Überdruck in der Floatkammer gehaltene Atmosphäre aus Stickstoff und Wasserstoff (sog. *Formiergas*) verhindert eine Reaktion des Luftsauerstoffs mit dem Zinn, die zu Verdampfungen in Form von Zinnoxid und später zu Glasfehlern führen würde. Auf rund 600 °C abgekühlt wird das Glasband vom Zinnbad abgehoben und verlässt die Floatkammer. Es wird im anschließenden Kühlofen (Länge ca. 150 m) spannungsfrei gekühlt, danach am laufenden Glasband auf Fehler kontrolliert, geschnitten und abgestapelt.

Als Metallbad wird Zinn verwendet, weil es eine größere Dichte als Glas aufweist (somit kann das Glas auf dem Zinn schwimmen), sein Schmelzpunkt unter 600 °C liegt, sein Dampfdruck niedrig ist und es bei 1000 °C noch nicht mit dem Glas reagiert. Grundsätzlich könnten auch andere Metalle für ein „Floaten" zum Einsatz kommen, u. a. Gallium, Indium und Blei; Zinn erweist sich jedoch hinsichtlich der Produktionskosten und wegen seines geringen Dampfdrucks als besonders geeignetes

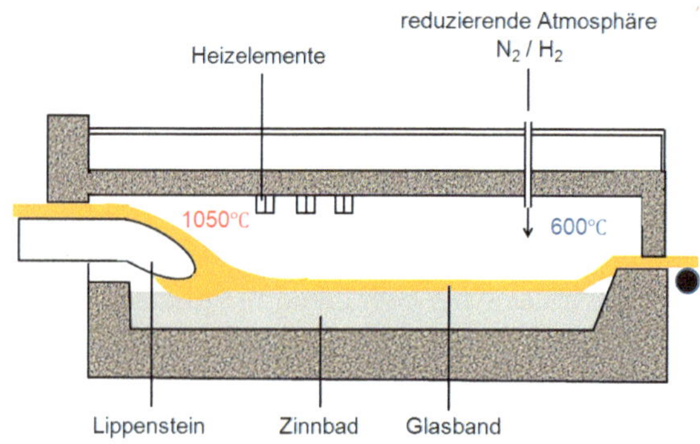

Abb. 3.8 Schema des Floatverfahrens

Material. Die flüssige Glasschmelze breitet sich auf der Zinn-
bad-Oberfläche wegen der Oberflächenspannung nur bis zu einer
bestimmten Dicke aus, es bildet sich ein Glasband mit der sog.
Gleichgewichtsdicke, die ca. 6 mm beträgt.

Die Herstellung von dünnerem oder dickerem Glas als dem
der Gleichgewichtsdicke wird mit dem Prinzip des „Top Rol-
ling" realisiert. Die Top Roller sind gezackte, wassergekühlte
Metallräder (ca. 15 cm Durchmesser), die im vorderen Bereich
des Floatbades auf den Rändern des Glasbandes aufliegen.
Durch Verstellen des Winkels dieser Räder lässt sich nun dün-
neres oder dickeres Glas fertigen in Abhängigkeit davon, ob
die Top Roller eine Kraft auf das Glasband senkrecht zur Zieh-
richtung nach außen oder nach innen ausüben. Auf diese Weise
lassen sich Glasdicken bis zu 1 mm und weniger bzw. bis zu
12 mm produzieren (s. Abb. 3.9).

Die Herstellung von noch dickerem Glas ist sehr aufwendig
und deshalb nur für Sonderanwendungen sinnvoll. Dazu werden
vom Glas nicht benetzbare Randleisten aus Grafit (sog. Fender)
auf dem Zinnbad installiert, die dafür sorgen, dass die Glasschmelze zu größeren Dicken aufgestaut wird. Nach diesem Verfahren lassen sich Dicken zwischen 12 und 25 mm produzieren.

Floatanlagen gehören zu den größten Produktionsstätten
der Glasindustrie. Eine typische Floatglaslinie hat von der
Beschickung der Wanne mit dem Rohstoffgemenge bis zur
Abstapelung der geschnittenen Scheiben ($6 \times 3{,}20$ m) eine
Längenausdehnung von ca. 500 m. Bei einem Durchsatz von
750 t/d errechnet sich bei einer Dicke von 4 mm eine Ziehgeschwindigkeit von 900 m/h.

Obgleich die Idee des „Floatens" von Glas schon sehr früh
in der Patentliteratur dokumentiert wurde, bestanden um die
Wende vom 19. zum 20. Jahrhundert nicht die technischen
Voraussetzungen, um das Floatverfahren zu realisieren. Bei-
spielsweise konnte der für die Floatkammer benötigte Wasser-
stoff zur Vermeidung der Oxidation des Zinns noch nicht in so
großen Mengen hergestellt werden. Darüber hinaus stand kein
Feuerfestmaterial mit einer ausreichend hohen Korrosions- und
Erosionsbeständigkeit, insbesondere für den Lippenstein, zur
Verfügung. Erst ab der Mitte des 20. Jahrhunderts waren die

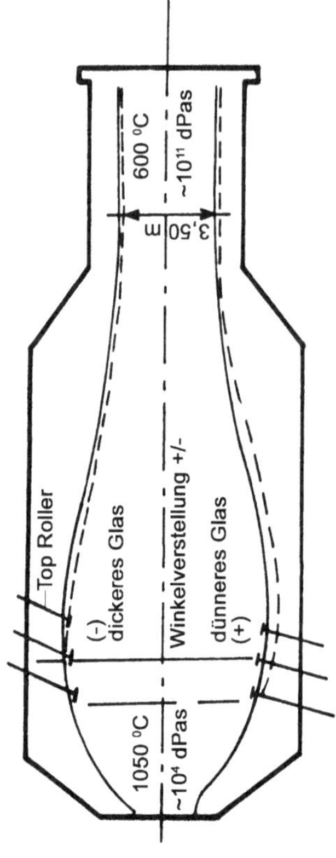

Abb. 3.9 Herstellung unterschiedlicher Glasdicken beim Floatverfahren

Grundlagen für diese Technologie geschaffen. Die große Herausforderung bestand nun darin, die Verfahrensidee in eine technische Anlage umzusetzen, die rund um die Uhr, 365 Tage im Jahr ununterbrochen gute Glasqualität liefert und die Herstellung unterschiedlicher Glasdicken mit engen Toleranzen ermöglicht.

Der größte Teil des produzierten Floatglases erfährt eine „Veredelung", indem das Glas mit Funktionsschichten versehen wird (vgl. Abschn. 2.4), zu gekrümmten Scheiben gebogen oder eine Festigkeitserhöhung erfährt (vgl. Abschn. 2.4.8).

Extrem dünnes Flachglas (weniger als 1 mm dick), das heute für Flüssigkristall-Displays (Flachbildschirme, Laptops, Mobiltelefone) benötigt wird, lässt sich nach einem im Jahre 1964 von S.M. Dockerty, Corning Glass Works, patentierten Verfahren herstellen. Im Gegensatz zu den bisher vorgestellten Ziehverfahren wird hier das Glas senkrecht nach unten abgezogen. Der Herstellungsprozess basiert darauf, dass die Glasschmelze aus einer Platinrinne beidseitig „überläuft" (ähnlich wie bei einer überlaufenden Regenrinne) und die sich dabei bildenden beiden Glasfilme beim Abziehen nach unten zu einem gemeinsamen Glasband zusammengeführt werden (s. Abb. 3.10). Das Verfahren wird als „Overflow Fusion Verfahren" oder *„Corning Down-Draw-Verfahren"* bezeichnet.

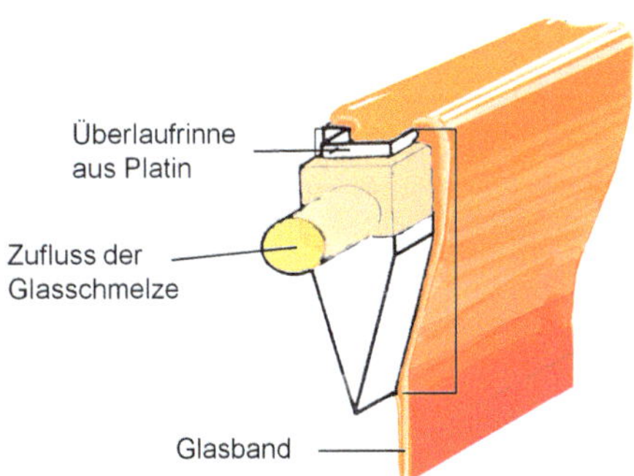

Abb. 3.10 Corning Down-Draw-Verfahren. (Bildrechte: Flachglas, Bd. 3, 2007, Deutsches Museum München)

Die feuerpolierten Oberflächen dieses Ziehglases zeichnen sich durch eine hervorragende Planität aus.

3.4.2 Herstellung von Behälterglas

Die erste vollautomatisch arbeitende Flaschenglasmaschine, die *Owens-Maschine*, war als „Saug-Blas-Maschine" ausgelegt. Sie bildet weitgehend die manuelle Herstellung von Flaschen ab – ein Merkmal, das oft kennzeichnend für die erste Generation automatisierter Verfahren ist. Die Maschine saugt das zu verarbeitende Glas aus der Schmelzoberfläche in eine Vorform, die anhaftende Glasschmelze wird bündig abgeschnitten. Damit gelingt erstmalig die exakte Dosierung der benötigten Glasmenge, die zur Sicherstellung der Gewichtskonstanz der Artikel erforderlich ist (bei der manuellen Zuführung hing dies vom Geschick des Glasmachers ab). Ein in den Mündungsbereich der Flasche ragendes halbkugelförmiges Formteil („Pegel") erzeugt einen Hohlraum im Glas, in den nach Öffnen der Vorform mittels eines Blaskopfes Druckluft eingeblasen wird. Das Külbel vergrößert sich und wird in der Fertigform auf die Endkontur ausgeblasen (s. Abb. 3.11).

▶ **Der Siegeszug der Owens-Maschine**
Der Erfinder der ersten Flaschenglasmaschine, Michael J. Owens (1859–1923), wurde als Sohn eines in West Virginia lebenden irischen Einwanderers geboren. Mit 10 Jahren begann er eine Lehre als Glasmacher und stieg zum Vorarbeiter und Glasmachermeister auf. Seit 1888 förderte ihn der Besitzer der Toledo Glass Company, Edward D. Libbey, der seinen Erfindergeist auf die Automatisierung der Flaschenglasherstellung lenkte – Flaschen wurden bis zu Beginn des 20. Jahrhunderts noch manuell hergestellt. Mit der ersten Flaschenmaschine, die im Jahre 1903 die Produktion aufnahm, gründete Owens seine

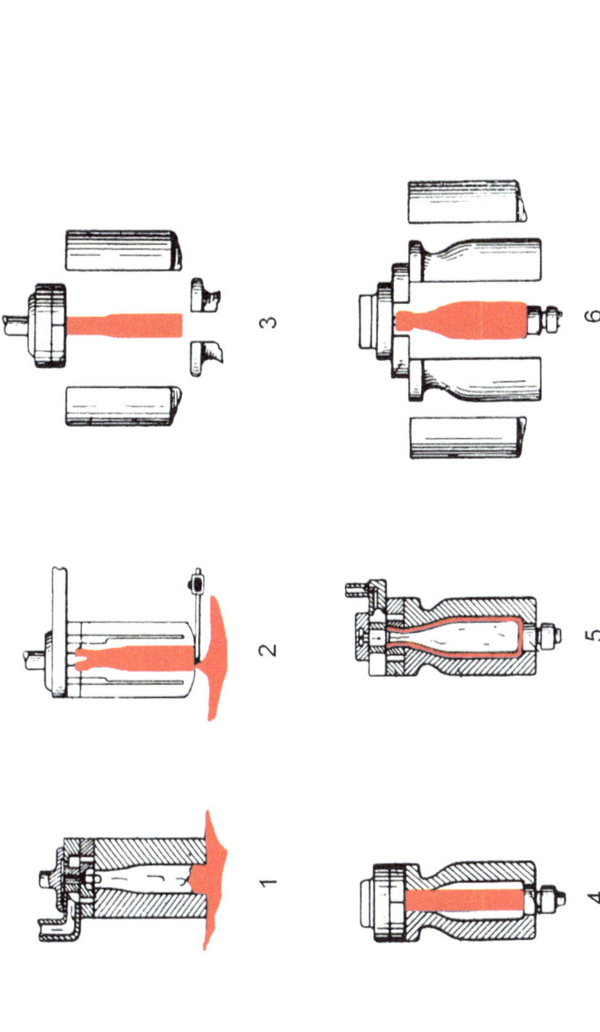

Abb. 3.11 Formgebungsprozess beim Owens-Verfahren. *1–3* Funktion der Saugform, *4–6* Funktion der Fertigform. (Bildrechte: Deutsches Museum München)

eigene Firma, die Owens Bottle Machine Company. Es folgte ein beeindruckender Siegeszug: Bereits im Jahre 1911 existierten in USA und Europa 120 Maschinen, davon 12 in Deutschland. Mit der Owens-Maschine ließen sich ca. 18.000 Halbliterflaschen täglich herstellen. Die von Owens gegründete Firma entwickelte sich zur heute weltweit größten der Behälterglasindustrie, der Owens-Illinois Inc. (O–I).

Die Handschrift des gelernten Glasmachers Owens wird in vielen maschinellen Prozessen deutlich, so auch bei der Glasentnahme. Die Vorform saugt Glas aus einer Drehwanne auf, also immer aus einer „frischen" (vorher unberührten) Glasoberfläche. Dieser Vorgang ahmt den Glasmacher nach, der mit seiner Glasmacherpfeife einen Glasposten aus unterschiedlichen Stellen des Hafens entnimmt, um der Entnahmestelle Zeit zur „Einebnung" zu geben.

Neu gegenüber dem manuellen Prozess ist jetzt die Zweistufigkeit des Verfahrens unter Einsatz einer Vor- und einer Fertigform, die für alle später entwickelten Maschinen typisch ist und sich vorteilhaft auf eine gleichmäßige Wanddickenverteilung von Hohlgefäßen auswirkt.

3.4.2.1 Tropfenspeiser

Die Beschickung der Vorform über ein Ansaugen der Glasmasse wurde in den 20er-Jahren des 20. Jahrhunderts durch das Speiser-Prinzip in Form des *Tropfenspeisers* abgelöst. Damit gelang eine maßgebliche Steigerung der Produktivität in der Hohlglasherstellung. Das Glas aus der Schmelzwanne fließt in einen Kanal, die Speiserrinne, an deren Ende sich eine Bodenöffnung befindet. Hier läuft das Glas aus und wird im Rhythmus der Formgebung als Tropfen abgeschnitten.

Im Speiserkopf dreht sich zur Temperaturhomogenisierung der Schmelze ein Keramikzylinder, in dem sich zentrisch ein Keramikstab, der „Plunger" auf und ab bewegt. Bei der Abwärtsbewegung des Plungers wird Glas durch einen Öffnungsring ausgedrückt, es entsteht ein sich einschnürender Glastropfen, der abgeschnitten und frei fallend oder über Rinnen der Vorform

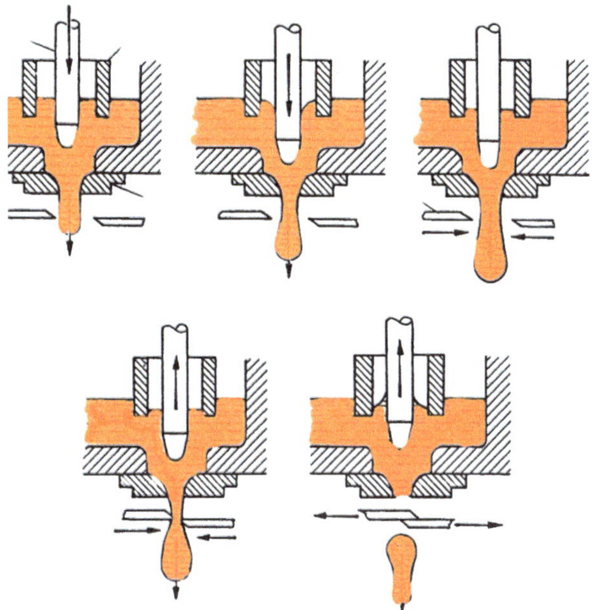

Abb. 3.12 Funktionsweise des Tropfenspeisers. (Bildrechte: W. Giegerich, W. Trier: Glasmaschinen, Springer Verlag 1964)

zugeführt wird. Die Tropfentemperaturen liegen je nach Gewicht und Form zwischen 1050 °C und 1200 °C (s. Abb. 3.12 und 3.13).

Abb. 3.13 Scherenschnitt von Glastropfen. (Bildrechte: Heye-International GmbH)

Heute sind Tropfenspeiser im Einsatz, die gleichzeitig zwei, drei oder sogar vier Tropfen erzeugen; entsprechend muss die Zahl der Austrittsöffnungen im Speiserkopf vorgesehen werden. Die Schnittfrequenz der Scheren kann bei leichtgewichtigen Flaschen (z. B. bei 0,33 l-Bierflaschen) bis zu 200 Tropfen pro Minute betragen.

Da das Volumen des Glases, das aus dem Öffnungsring austritt, von der Viskosität der Glasschmelze abhängt und diese wiederum sehr stark von der Glastemperatur, ist eine volumenkonstante Tropfenerzeugung nur möglich, wenn eine präzise Temperaturregelung gewährleistet wird. Bei Tropfen-Temperaturen von mehr als 1000 °C ist eine Regelgenauigkeit von 1 °C erforderlich.

Die Einführung des Tropfenspeisers führte in den Glashütten zu einer Veränderung der räumlichen Anordnung von Schmelzwanne und Formgebungsstation. Um den freien Fall der Glastropfen in die Formgebungsmaschine zu ermöglichen, muss der Schmelzofen über das Niveau des Hüttenbodens angehoben werden. In modernen Anlagen beträgt dieser Abstand zwischen 4,5 und 5,0 m. Die Formgebungsmaschine ist ebenerdig positioniert, während der Glasschmelzofen auf Pfeilern ruht und somit auch von unten zugänglich wird.

3.4.2.2 Formgebungsprinzipien

Tropfenspeiser-Maschinen arbeiten entweder nach dem Blas-Blas- oder nach dem Press-Blas-Verfahren.

Beim *Blas-Blas-Verfahren* (s. Abb. 3.14) fällt der Glastropfen in die Vorform, die unten mit dem Mündungsformzeug abgeschlossen ist, und wird mittels Druckluft in die Kontur der Mündung eingeblasen (Niederblasen). Das Mündungsformteil dient während der gesamten weiteren Formgebung des Glaskörpers als Halterung. Das Külbel wird von unten gegen den aufgesetzten Vorformboden ausgeblasen („Vorblasen"). Nach dem Schwenken um 180 Grad aus der sich öffnenden Vorform in die Fertigform wird das Külbel dort auf die endgültige Kontur ausgeblasen (Fertigblasen).

Beim *Press-Blas-Verfahren* erfolgt die Formgebung in der Vorform nicht durch Blasen, sondern mit Hilfe eines Press-Stempels. Er sticht von unten in den Glastropfen ein und bildet

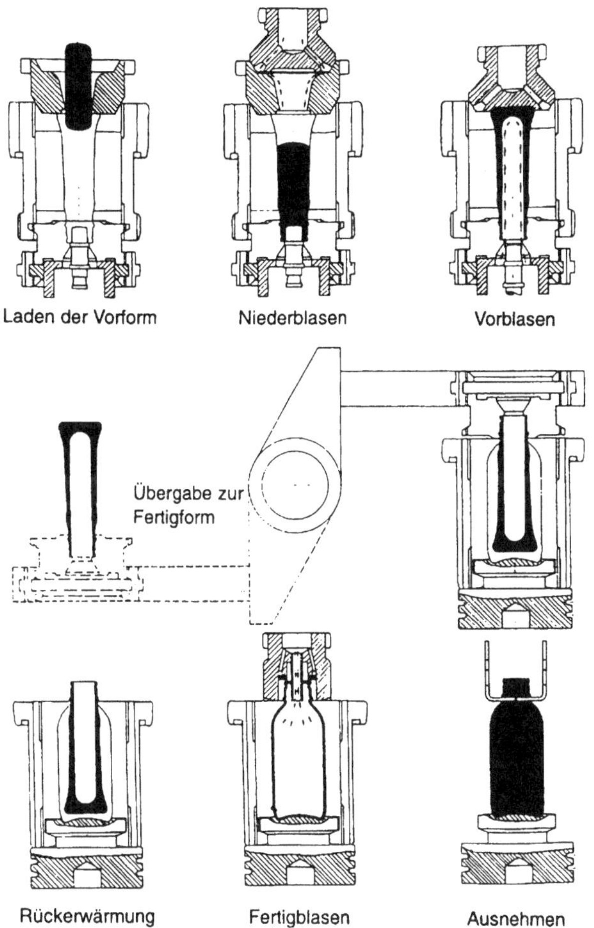

Abb. 3.14 Prinzip des Blas-Blas-Verfahrens. (Bildrechte: W. Giegerich, W. Trier: Glasmaschinen, Springer Verlag 1964)

das Külbel aus. Danach schließt sich wie beim Blas-Blas-Verfahren das Fertigblasen an (s. Abb. 3.15).

Ein wesentlicher Vorteil des Press-Blas-Verfahrens zeigt sich darin, dass eine gleichmäßige Wanddickenverteilung erzielt werden kann. Beim Blas-Blas-Verfahren führen geringste

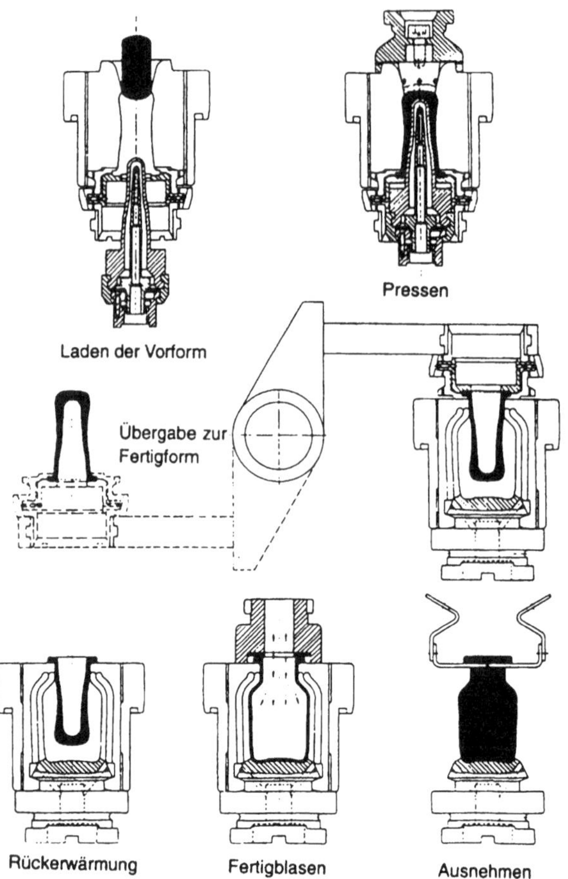

Abb. 3.15 Prinzip des Press-Blas-Verfahrens. (Bildrechte: W. Giegerich, W. Trier: Glasmaschinen, Springer Verlag 1964)

Temperaturunterschiede im Glastropfen zu unterschiedlichen Viskositäten und somit beim Ausblasen in der Vorform zu dickeren und dünneren Wandstärken, die sich auch beim Fertigblasen fortpflanzen. Die Formgebung mit dem Press-Stempel sorgt dagegen für eine gleichmäßige Wandstärke, da es sich um eine Zwangsverformung handelt und sich Viskositätsunterschiede im Glastropfen weniger auswirken. Das Press-Blas-Verfahren ermöglicht wegen der gleichmäßigeren Wanddickenverteilung die Herstellung von sog. Leichtgewichtsflaschen. Bei Behältern, die nach dem Blas-Blas-Verfahren hergestellt werden, muss daher mit einem höheren Glastropfengewicht gearbeitet werden, damit die dünnste Wandstärke immer noch die geforderte Festigkeit des Artikels garantiert.

3.4.2.3 Glasformgebungsmaschinen

Die Formgebungsmaschinen können als Karussell- oder als Reihenmaschine ausgelegt sein. Karussellmaschinen bestehen aus zwei rotierenden, mit Vorformen bzw. Fertigformen bestückten Tischen. Die Vorformen werden während der Tischrotation nacheinander mit Tropfen befüllt, die Külbel vorgeblasen und an den rotierenden Tisch mit den Fertigformen übergeben.

Die Reihenmaschine setzt sich aus individuell funktionsfähigen, nebeneinander stehenden Vor- und Fertigformstationen zusammen, die dann in einer Reihe aufgestellt werden können. Man bezeichnet sie auch als *IS-Maschinen* (**I**ndividual **S**ection). Moderne Hochleistungsmaschinen arbeiten als IS-Maschinen, wobei bis zu 2 mal 10-Stationen in einer Reihe angeordnet sind und bis zu 750 Stück pro Minute bei einem Flaschengewicht von 175 g produziert werden können. Die am weitesten verbreitete Flaschenglasmaschine ist die 10-Stationen-Maschine mit Doppeltropfen-Beschickung (s. Abb. 3.16).

Eine frühe Hochleistungsmaschine der Hohlglasformgebung ist die *Ribbon (Band)-Maschine*, die bereits im Jahre 1926 von den Corning Glass Works für die Herstellung von Glühlampenkolben entwickelt wurde. Diese Maschine vermochte bereits 1 Mio. Kolben pro Tag zu produzieren!

Im Gegensatz zu allen anderen Hohlglasmaschinen ist sie keine Tropfenspeiser-Maschine, sondern eine Bandspeiser-Maschine. Ein aus einer Wannenöffnung auslaufender heißer Glasstrang (1050 °C) wird durch zwei Walzen zu einem Band geformt (ca. 3 mm dick und 50 mm breit) und von einem umlaufenden Förderband, das mittig eine Reihe von Öffnungen aufweist, horizontal erfasst. Das Glas sackt durch die Öffnungen

Abb. 3.16 Zwei 10-Stationen IS-Maschinen im Tandembetrieb. (Bildrechte: Heye-International GmbH)

und wird durch Blasköpfe zu Külbeln geblasen, die dann in rotierenden Formen zu nahtlosen Kolben fertiggeblasen werden. Blasköpfe und Formen laufen synchron in einer Schleife oberhalb und unterhalb des Glasbandes (s. Abb. 3.17).

Bei der Formgebung nach dem Ribbon-Verfahren benötigt man nur Fertigformen, da es sich bei der Vorformung um eine „freie" Formgebung ohne Einsatz von Vorformen handelt.

Die einfachste Technik zur Herstellung von Hohlgefäßen ist die einstufige Formgebung. Dazu zählen das *Pressen* und das *Schleudern*.

Beim Pressen wird eine bestimmte Glasmenge in eine Form eingebracht und von einem Pressstempel verteilt. Bei konisch gestalteten Hohlkörpern (Becher, Vase) kann mit einer einteiligen Pressform gearbeitet werden. Bei Gefäßen mit hinterschnittenen Konturen (Gläser mit Gewinde) werden zweiteilige Formen eingesetzt.

Beim Schleudern von Glas wird ein Glasposten in eine rotierende Form eingegossen, durch die Wirkung der Zentrifugalkräfte an der Formenwandung emporgedrückt und zu einem Rotationskörper (Schale, Schüssel, Trichter) geformt. Die Viskosität und die Drehzahl der Form bestimmen die Höhe des Gefäßes.

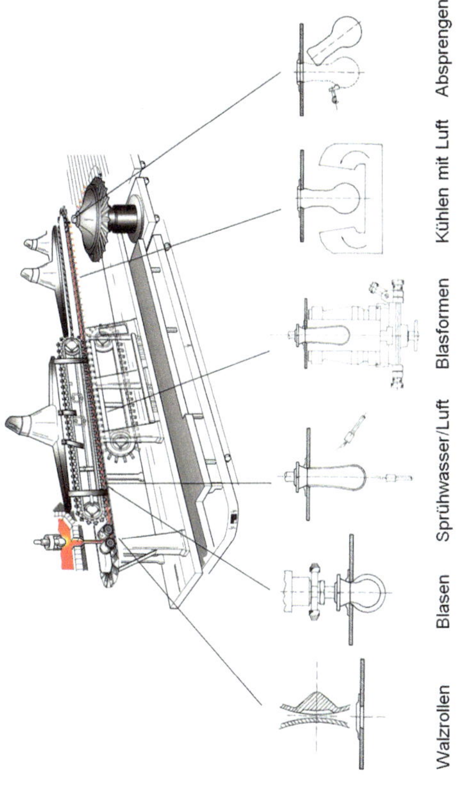

Abb. 3.17 Ribbon-Maschine. (Bildrechte: Osram GmbH)

3.4.3 Herstellung von Rohren

Beim manuellen Rohrziehen wird vom Glasmacher zunächst ein Glasposten mit der Pfeife aufgenommen und zu einem konischen Hohlkörper (Külbel) aufgeblasen. Am Boden des vorgeblasenen Külbels setzt ein zweiter Glasmacher (der sog. Läufer) ein Hefteisen an. Während der Glasmacher das Külbel ausbläst, entfernt sich der Läufer, und es bildet sich ein Rohr aus. Je schneller gezogen wird, desto geringer sind die erzielten Durchmesser und Wandstärken. In der Thermometer-Herstellung wurden Rohre nach diesem Verfahren manuell bis auf eine Länge von 100 m gezogen.

Im Jahre 1912 entwickelte Edward Danner das später nach ihm benannte erste maschinelle Rohrziehverfahren. Es orientiert sich ebenso am manuellen Vorgehen. Beim *Danner-Verfahren* fließt ein Glasstrang auf eine schräg nach unten geneigte rotierende Pfeife. Das Glas verteilt sich auf der Oberfläche der Pfeife und wird als Rohr in Richtung der Pfeifenachse abgezogen. Die Danner-Pfeife besteht aus einem keramischen Hohlzylinder, der auf einer hohlgebohrten Spindel aus Stahl aufsitzt. Je nach Durchmesser der Glasrohre (1 bis 70 mm) werden Pfeifen mit Durchmessern zwischen 100 und 700 mm eingesetzt. Die Bohrung der Spindel gestattet eine geregelte Blasluftzufuhr, wodurch ein Kollabieren des Rohres verhindert wird. Die Stärke der Blasluft und die Ziehgeschwindigkeit sind die wesentlichen Regelgrößen für die Dimensionierung von Rohrdurchmesser und Wandstärke. Die Ziehgeschwindigkeit beträgt ca. 400 m/min bei 2,5 mm Durchmesser und ca. 100 m/min bei 37 mm Durchmesser (s. Abb. 3.18).

Das am häufigsten eingesetzte Rohrziehverfahren ist das im Jahr 1929 entwickelte *Vello-Verfahren,* benannt nach Leopoldo Sanchez Vello. Es handelt sich hier um ein Vertikalziehverfahren, bei dem das Glas aus einer Düse nach unten abgezogen wird. Im Speiserkanal des Glasschmelzofens befindet sich am Boden eine zylindrische Öffnung, die Glasschmelze kann dort über einen in der Höhe verstellbaren, nach unten trichterförmig erweiterten Dorn ausfließen. Der Dorn ist hohl und mit seinem Verlängerungsrohr an Blasluft angeschlossen.

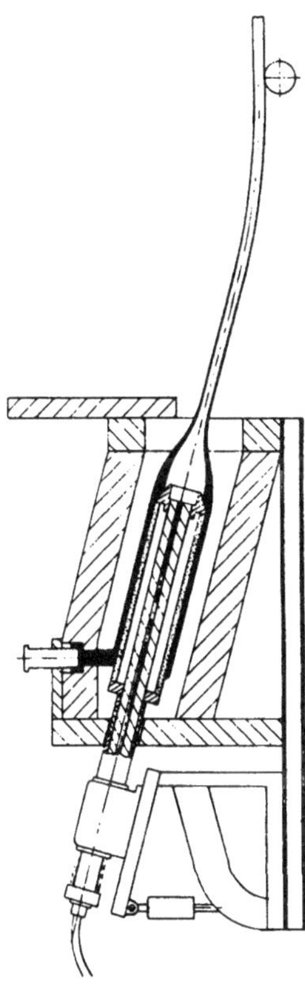

Abb. 3.18 Rohrziehen nach dem Danner-Verfahren. (Bildrechte: W. Giegerich, W. Trier: Glasmaschinen, Springer Verlag 1964)

Das Rohr wird zunächst 5 bis 8 m senkrecht nach unten abgezogen, um dann mit Hilfe einer Rinne in die Horizontale umgelenkt zu werden. Von einem Luftpolster getragen kühlt es auf einer Ziehbahn von bis zu 140 m Länge auf eine Temperatur von ca. 350 °C ab und kann danach in entsprechende Teilstücke aufgeteilt werden (s. Abb. 3.19). Ein Vello-Rohrzug (s. Abb. 3.20)

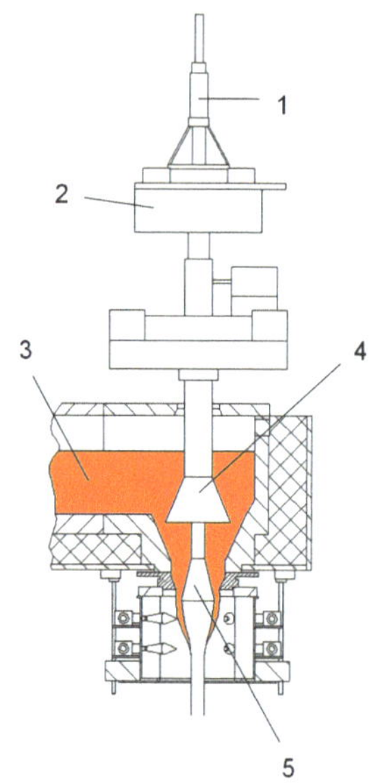

Abb. 3.19 Rohrziehen nach dem Vello-Verfahren. *1* Drehrohrantrieb, *2* Dornaufhängung, *3* Glasschmelze, *4* Drehrohr, *5* Dorn. (Bildrechte: Osram GmbH)

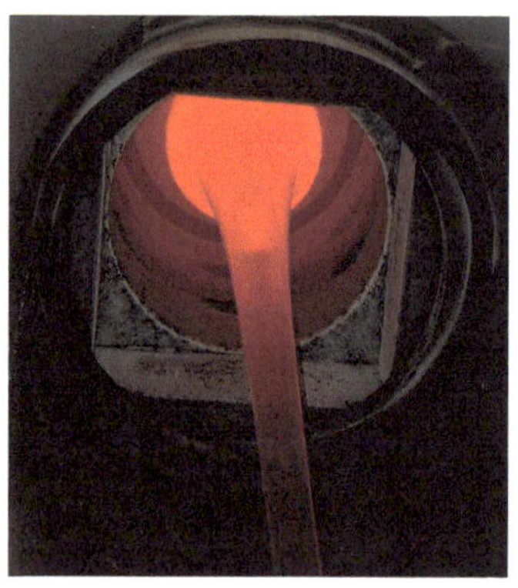

Abb. 3.20 Vello Muffel. (Bildrechte: Osram GmbH)

kann bis zu 80 t Glas pro Tag verarbeiten und ist somit um den Faktor 2 leistungsfähiger als der Danner-Rohrzug.

3.4.4 Herstellung von Glasfasern

Glasfasern entstehen aus der Schmelze durch Ziehen, Blasen oder Schleudern. Dabei wird zwischen „endlosen" und „endlichen" Fasern unterschieden.

Nach Anwendungszweck werden Glasfasern unterteilt in: *Textilfasern*, *Verstärkungsfaser n*, *Isolierfaser n* (Wärme und Schall) und *optische Glasfaser n* (Bildfasern und Telekommunikationsfasern, vgl. Abschn. 2.3.7 und 2.8).

Das gebräuchlichste Verfahren zur Herstellung von Endlosfasern ist das 1937 von der Firma Owens-Corning entwickelte *Düsenziehverfahren*, bei dem die Glasschmelze durch Düsen im Boden einer Platin/Rhodium-Wanne austritt und mit hoher Abzugsgeschwindigkeit (bis zu 60 m/s = 216 km/h!) zu Fasern einer Stärke von 5 bis 20 µm auf eine Spule aufgewickelt wird (s. Abb. 3.21). Die Platin/Rhodium-Wanne wird im direkten Stromdurchgang beheizt und kann mit bis zu 4000 Düsen bestückt sein, aus denen gleichzeitig Fäden abgezogen und versponnen werden. Die einzelnen Glasfäden werden vor dem Aufwickeln mit einer Schlichte versehen. Diese dient einerseits als mechanischer Schutz, um Beschädigungen der Glasoberflächen durch Reibung der Fasern untereinander zu vermeiden, andererseits als Gleitmittel beim Verspinnen oder als Haftvermittler bei

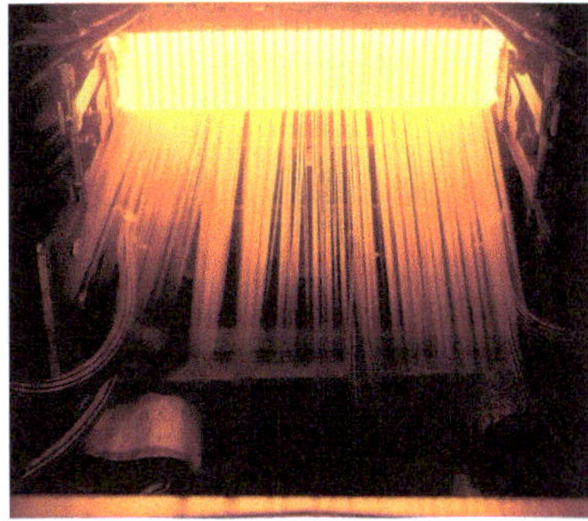

Abb. 3.21 Ziehdüse aus Platin-Rhodium für die Herstellung von Endlosfasern. (Bildrechte: Saint-Gobain Vetrotex Deutschland GmbH)

der Weiterverarbeitung zu glasfaserverstärkten Kunststoffen. Die bekannteste Endlosfaser ist das „E-Glas", ein alkalifreies Alumo-Borosilicatglas (vgl. Abschn. 1.6.4, Tab. 1.2), das elektrisch isolierend wirkt und zur Verstärkung von Leiterplatten oder als Zusatz für textile Gewebe eingesetzt wird.

Für die Herstellung von Isolierfasern (Kurzfasern, sog. Stapelfasern) finden überwiegend zwei Verfahren Anwendung: Das *Düsenblasverfahren* (Firma Owens Illinois, 1933) und das *Schleuderverfahren* (sog. TEL-Verfahren, Firma Saint-Gobain, 1951).

Beim ersteren tritt ähnlich wie beim Düsenziehverfahren die Glasschmelze durch Platin/Rhodium-Düsen aus, wird dann durch einen Luft- und Dampfstrahl hoher Geschwindigkeit zerfasert und zu Fäden mit ca. 15 µm Durchmesser und 100 mm Länge ausgezogen. Die Stapelfasern werden unmittelbar nach der Zerfaserung mit einem Bindemittel (Kunstharz) besprüht und auf einem Transportband abgelegt. Nach Durchlaufen eines Trockenofens ist die Faserauflage verdichtet und kann in Formate (Platten, Bahnen) geschnitten werden (s. Abb. 3.22).

Beim Schleuderverfahren fließt ein Glasstrahl durch eine Hohlwelle (3000 U/min) mit einem Verteilerkorb am unteren Ende. Die Glasschmelze wird zunächst durch die Bohrungen des Korbes geschleudert, danach durch die kleineren Bohrungen (ca. 6000 mit einem Durchmesser von 1 mm) des sog. Spinners. Die herausgeschleuderten Glasfäden werden von konzentrisch angeordneten Hochgeschwindigkeits-Brennern zu feinen Fasern

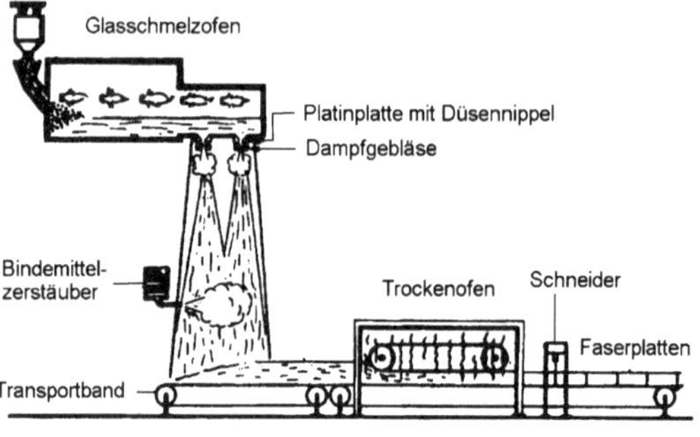

Abb. 3.22 Herstellung von Stapelfasern nach dem Düsenblasverfahren

(5 bis 10 µm Durchmesser) ausgezogen. Die weitere Verarbeitung entspricht dem Düsenblasverfahren (s. Abb. 3.23).

Das Düsenblasverfahren wird zur Herstellung von Steinwolle eingesetzt, also für Glaszusammensetzungen, die wegen ihres geringen SiO_2-Anteils kristallisationsanfällig sind und nur einen engen Verarbeitungsbereich zulassen („kurzes" Glas). Das Schleuderverfahren dagegen benötigt wegen der länger andauernden Verarbeitung ein „langes" Glas, ein borhaltiges Kalknatron-Silicatglas, sog. Glaswolle (vgl. Abschn. 1.6).

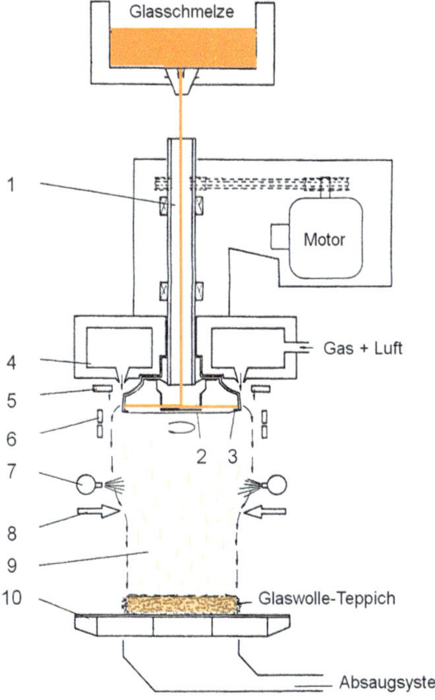

Abb. 3.23 Herstellung von Stapelfasern nach dem TEL-Verfahren. *1* Hohlwelle, *2* Verteilerkorb, *3* Spinner, *4* Hochgeschwindigkeits-Brenner, *5* Schleierluftring, *6* Induktionsheizung, *7* Sprühringe für Bindemittel, *8* Druckluftdüsen, *9* Faserstrumpf, *10* Aufnahmeband

3.5   Unkonventionelle Glasherstellverfahren

In diesem Abschnitt werden einige Verfahren zur Herstellung von Silicatgläsern vorgestellt, die sich von den bislang beschriebenen Schmelzverfahren in großen Aggregaten unterscheiden. Die ersten beiden Verfahren, *Flammenhydrolyse (CVD)* und *Sinterverfahren*, haben ihren Ursprung in der Herstellung von reinem Quarzglas. Quarzglas mit einem SiO_2-Gehalt von über 95 % lässt sich nicht über die konventionellen Schmelzverfahren erzeugen. Eine SiO_2-Schmelze wird zwar mit zunehmender Temperatur dünnflüssiger, gleichzeitig verdampft (sublimiert) aber ein Großteil des SiO_2. Daher sind Schmelzverfahren, bei denen die Schmelze lange in einer Wanne verweilt, für die Herstellung von Quarzglas ungeeignet.

Das *Sol-Gel-Verfahren* eröffnet die Möglichkeit, Gläser höchster Reinheit und ggf. mit weniger Energieaufwand im Vergleich zu dem der Schmelze herzustellen.

Am Beispiel des *biogenen Glases* wird deutlich, wie biologische Systeme die in ihrer Umgebung enthaltene Kieselsäure in glasartige Strukturen wandeln; dies könnte ein Ansatz sein, um zukünftig Glas bei Raumtemperatur zu erzeugen.

3.5.1   Flammenhydrolyse

Verbrennt man ein siliciumhaltiges Gas wie $SiCl_4$ in einer Sauerstoffflamme bei etwa 1000 °C, entstehen bei dieser sog. Hydrolyse nanoskalige SiO_2-Partikel. Diese Partikel werden auf einem Trägerkörper aufgefangen. Angesichts der hohen Flammentemperaturen verschweißen diese Nanopartikel zu einer massiven Schicht und, je nach Verfahrensführung, auch zu massiven Quarzglaskörpern. Man spricht von *chemical vapor deposition (CVD)* oder „chemischer Dampfphasenabscheidung". Das $SiCl_4$ reagiert in einer Flamme mit Wasserstoff H_2 und Sauerstoff O_2, sodass Quarzglas SiO_2 und Wasserstoffchlorid HCl entstehen:

$$SiCl_4 + 2H_2 + O_2 \rightarrow SiO_2 + 4HCl \,.$$

Neben kompaktem synthetischem Quarzglas sind es vor allem dünne Schichten auf Glassubstraten, die mittels des CVD-Verfahrens aufgebracht werden können.

Bei niedrigeren Temperaturen werden die Nanopartikel nicht fest miteinander verschweißt, sondern haften nur aneinander unter Bildung von zahlreichen Hohlräumen. Es entsteht ein weißer, poröser Körper nach dem sog. *Sootverfahren* (s. Abb. 3.24 und 3.25), der in anschließenden Verfahrensschritten gereinigt und getrocknet und sodann unter Vakuum in einen porenfreien Quarzglaskörper umgewandelt wird.

Der Vorteil der CVD-Verfahren besteht vor allem darin, dass Gase durch Destillation in extrem hoher Reinheit vorliegen und somit zu hochreinen Gläsern führen. Die in der Telekommunikation geforderten geringen Dämpfungsverluste von Lichtleitfasern lassen sich nur durch Einsatz von Glasfasern, die im CVD-Verfahren hergestellt werden, erreichen. Hierbei

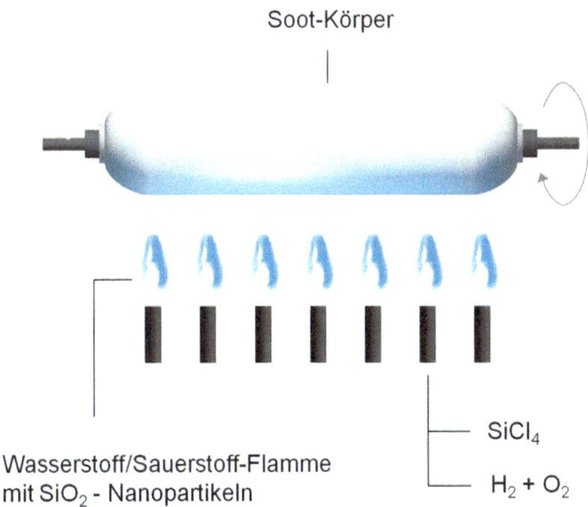

Abb. 3.24 Sootverfahren zur Herstellung von synthetischem Quarzglas. (Bildrechte: Heraeus Quarzglas GmbH & Co KG)

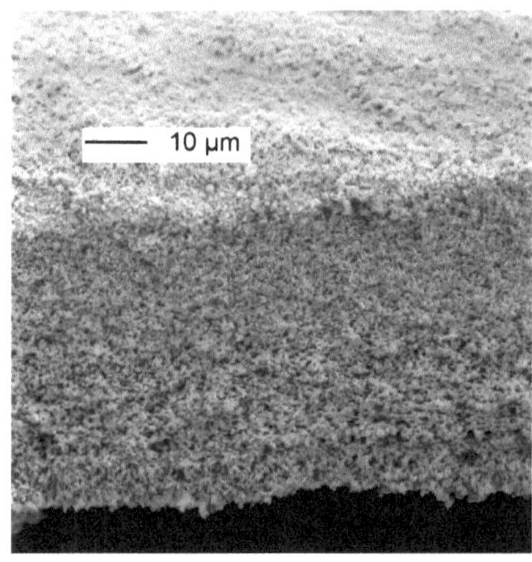

Abb. 3.25 Poröse Soot-Struktur. (Bildrechte: Heraeus Quarzglas GmbH & Co KG)

dienen nach dem Sootverfahren hergestellte Stäbe aus Quarzglas als Vorformen (Preformen) für das anschließende Faserziehen. Dabei wird im Kernglas durch Dotierung z. B. mittels Germanium eine erhöhte Brechzahl eingestellt, anschließend wird ein Mantelglas mit etwas niedriger Brechzahl direkt auf diesen Kernstab aufgebracht. Alternativ kann auch ein Kernglasstab mit einem Hüllrohr, das einen etwas geringeren Brechwert hat, kombiniert werden.

Bei etwa 2000 °C werden diese bis zu 200 mm durchmessenden Vorformen zu Fasern mit einem Durchmesser von 125 μm ausgezogen, wobei aus einer Preform bis zu 7000 km lange Fasern gezogen werden können (s. Abb. 3.26 und 3.27). Solche Quarzglasfasern finden vielfältige Anwendungen in der optischen Nachrichtenübertragung.

Bei Prozesstemperaturen von ca. 400 °C entsteht durch die Bildung von Borosilicatglas-Schichten ein mehrkomponentiges Glas:

$$2SiH_4 + B_2H_6 + 7O_2 \rightarrow 2SiO_2 \cdot B_2O_3 + 7H_2O.$$

Abb. 3.26 Herstellung einer optischen Faser. (Bildrechte: Heraeus Quarzglas GmbH & Co KG)

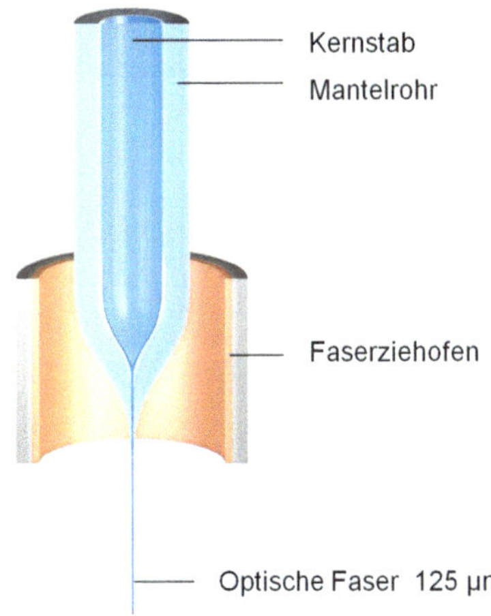

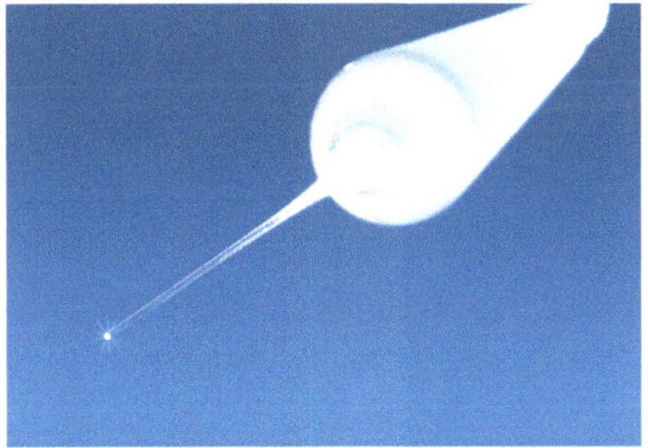

Abb. 3.27 Optische Faser mit Preform. (Bildrechte: Heraeus Quarzglas GmbH & Co KG)

Die Ursprünge dieser Verfahren gehen auf Forschungen im Jenaer Glaswerk Schott & Gen. zurück. Bereits im Jahre 1938 entwickelten Walter Geffcken (1904–1995) und Edwin Berger (1890–1945) ein „Gaszersetzungsverfahren" auf der Basis von Siliciumtetrachlorid zur Herstellung dünner SiO_2-Entspiegelungsschichten für optische Komponenten (Deutsches Reichspatent 1939). Die extrem hohe „Abkühlgeschwindigkeit" beim CVD-Prozess, der den Übergang von gasförmig zu fest schlagartig und ohne den Zwischenschritt des flüssigen Zustands vollzieht, fördert die Tendenz zur Glasbildung. So können sogar Oxide (z. B. Zirkondioxid ZrO_2, Aluminiumoxid Al_2O_3), die schmelztechnisch selbst beim schnellen Abkühlen auskristallisieren würden, in den glasigen Zustand überführt werden.

3.5.2 Sinterverfahren

Unter *Sintern* versteht man in den Werkstoffwissenschaften generell die Erzeugung eines festen und dichten Körpers durch Erhitzen und fallweise unter Druck. Ausgangspunkt ist ein Formkörper aus einem Oxidpulver. Bildlich gesprochen erweicht die Oberfläche der Oxidpulverpartikel und diese verschmelzen miteinander, bevor auch die Pulverkerne erweichen. Entscheidend für die Verdichtung ist die Oberflächenenergie, die bestrebt ist, sich zu verkleinern. Je feinkörniger ein Pulver vorliegt, umso sinteraktiver ist es. Das Sintern ist ein wichtiger Prozess bei der Herstellung von Keramiken. Auch Glaspulver oder Glasfritten aus bereits geschmolzenem Glas, die daher bei niedrigeren Temperaturen erneut weich werden, lassen sich durch einen Sintervorgang in einem vorgegebenen Formenmaterial verdichten. Benötigt werden dafür Viskositäten zwischen 10^7 und 10^8 dPa · s. Kalknatron-Silicatgläser erreichen diesen Erweichungsbereich bei ca. 700 °C. So können sehr komplex geformte Glasartikel entstehen, da das Glaspulver fein verästelte oder hinterschnittene Konturen in Negativ-Formteilen leicht ausfüllen kann. Nachteilig wirkt sich der unvermeidliche Einschluss von Luft zwischen den Pulverteilchen aus; man erhält somit keine transparenten, sondern lediglich transluzente Glasartikel. Transparente Objekte können jedoch beim Sintern in einer Helium-Atmosphäre hergestellt werden, da Helium einen kleinen Atomdurchmesser aufweist, die Atome deshalb sehr beweglich sind und aus dem Sinterbauteil heraus diffundieren.

Im Kunsthandwerk ist das Verfahren des Glassinterns als Pâte-de-verre-Technik bekannt. Meist wird hier farbiges Glas verwendet, das bei dickwandigen Gefäßen dann fast opak wirkt. Die Pâte-de-verre-Technik wurde bereits in Mesopotamien (1500–1000 v. Chr.) für die Herstellung von Perlen und Figuren eingesetzt.

3.5.3 Sol-Gel Verfahren

Die Glasbildung im *Sol-Gel-Verfahren* läuft bei Temperaturen ab, die deutlich unter den üblichen Schmelztemperaturen liegen. Das Ausgangsmaterial ist eine Flüssigkeit, man spricht daher von einem „nassen" Verfahren. Bei der Herstellung von Quarzglas nach dem Sol-Gel-Verfahren dient die metallorganische Verbindung Tetraethylorthosilicat (TEOS), eine Flüssigkeit mit der chemischen Formel $Si(OC_2H_5)_4$, als Ausgangssubstanz. C_2H_5 wird hier als Alkylrest R bezeichnet. Die Glasbildung erfolgt in zwei Prozessschritten:

3.5.3.1 Hydrolyse

Die metallorganische Verbindung wird bei ca. 60 °C in eine wässrige kolloidale Lösung, das „Sol", überführt. Bei Zimmertemperatur spaltet sich der organische Rest ab, das Reaktionsprodukt $Si(H)_4$ wird als „Gel" bezeichnet

$$Si(OR)_4 + H_2O \rightarrow Si(OH)_4 + 4ROH.$$

3.5.3.2 Kondensation

Dem Gel wird in zwei Stufen das Wasser entzogen: Zunächst wird es bei ca. 120 °C getrocknet, dann zum vollständigen Wasserentzug (Kondensation) und zur Glasbildung auf 1000 °C erhitzt

$$Si(OH)_4 \rightarrow SiO_2 + 2H_2O.$$

Es entsteht ein Quarzglas, das sich kaum von einem bei 2000 °C erschmolzenen Glas unterscheidet.

Zur Herstellung von Gläsern mit mehreren Komponenten werden die entsprechenden metallorganischen Flüssigkeiten gemischt. Das gleichmäßige Ausdiffundieren der Wassermoleküle, das rissfrei erfolgen muss, und das damit verbundene Schrumpfen des Materials (es verliert bis zu 50 % seines Volumens) stellen eine prozesstechnische Herausforderung dar. Da aus flachen Glasobjekten das Wasser schneller entzogen werden kann und die Gefahr der Rissbildung geringer ist, eignet sich das Sol-Gel-Verfahren im Wesentlichen für die Herstellung dünner Glasschichten (im μm-Bereich).

Das Sol-Gel-Verfahren geht ebenfalls auf Entwicklungen Walter Geffckens und Edwin Bergers in den 1930er-Jahren im Jenaer Glaswerk Schott & Gen. zurück. In den nach dem Zweiten Weltkrieg in Mainz neu gegründeten Schott-Glaswerken wurde das Verfahren von Walter Geffcken und Hubert Schröder (1913–1995) vervollkommnet. Mit dem 1951 patentierten Verfahren können komplizierte Mehrfachschichtsysteme (Interferenzschichten) hergestellt werden, die Reflexionen an Glasoberflächen vermindern oder erhöhen (so etwa Reflexionsminderung bei der Entspiegelung von Brillengläsern, Reflexionserhöhung bei Sonnenschutzgläsern).

Wegen der geringen Prozesstemperaturen ermöglicht das Sol-Gel-Verfahren auch das Aufbringen dünner Glasschichten auf Kunststoff-Oberflächen, beispielsweise zur Steigerung der Kratzfestigkeit von Kunststoff-Brillengläsern.

3.5.4   Biogene Gläser

Oberflächenwasser nimmt auf seinem Weg durch Gesteinsschichten Silicium in Form von Kieselsäure auf. Orthokieselsäure $Si(OH)_4$ ist eine schwache Säure und ist in Konzentrationen von 0,5 bis 180 μMol (abhängig von Temperatur und Lage) in den Wasservorkommen auf der Erde enthalten.

Einige Organismen können Kieselsäure in Silicat-Hydrat ($SiO_2 \cdot nH_2O$)-Strukturen umwandeln, dieser Prozess wird generell als Biosilifikation bezeichnet, eine Form der Biomineralisation.

Beispiele für glasartige Strukturen in der Natur sind die Gerüste von *Kieselalgen*, der Radiolarien oder das Skelett und die Nadeln von Glasschwämmen. Bei den Radiolarien (Strahlentierchen) handelt es sich um einzellige Lebewesen, deren Stützstruktur aus Silicat besteht. Die strahlenförmigen Fortsätze des Zellplasmas sind im Inneren aus nadelförmigen SiO_2-Strukturen aufgebaut. Nach dem Absterben der Radiolarie bleibt diese Struktur bestehen, unter dem Lichtmikroskop zeigt sich die faszinierende Mikrostruktur der Zellwände und der strahlenförmigen Silicatstrukturen, denen der Einzeller seinen deutschen Namen verdankt (s. Abb. 3.28).

Große glasartige Körper werden von den *Glasschwämmen* gebildet, die in der Tiefsee der Weltmeere leben (s. Abb. 3.29). Manche Arten erzeugen haarfeine Fasern von 50 bis 175 mm Länge. In Einzelfällen werden die Fasern bei einem Durchmesser von mehreren Millimetern sogar bis zu 3 m lang.

Nach dem Absterben der Glasschwämme entstehen metermächtige Lagen von Kieselgel-Nadeln, die aus wasserhaltigem glasartigem Siliciumdioxid bestehen und als biogene Opale zu betrachten sind.

Abb. 3.28 Radiolarie, floureszenzmikroskopische Aufnahme. (Bildrechte: Dr. Filipe Natalio)

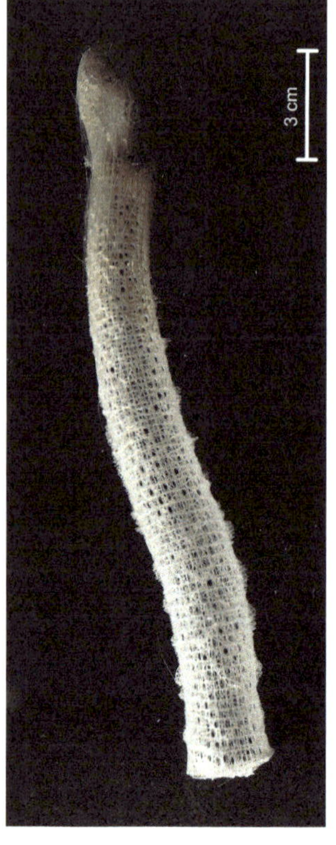

Abb. 3.29 Silicatische Stützstruktur eines Tiefsee-Glasschwamms *Euplectella aspergillum*. (Bildrechte: Dr. Filipe Natalio)

Weiterführende Literatur

Cable M (2001–2002) The mechanization of glass container production. Trans Newcomen Soc 73:1–31

Emissionen von Glasschmelzöfen, Fortbildungskurs (2007) Hüttentechnische Vereinigung der Deutschen Glasindustrie (HVG), Offenbach

Energieverbrauch und Energierückgewinnung in der Glasindustrie, Fortbildungskurs (2010) Hüttentechnische Vereinigung der Deutschen Glasindustrie (HVG), Offenbach

Giegerich W, Trier W (1964) Glasmaschinen. Springer, Berlin

Grundlagen des industriellen Glasschmelzprozesses, Fortbildungskurs (2012) Hüttentechnische Vereinigung der Deutschen Glasindustrie (HVG), Offenbach

Nölle G (1997) Technik der Glasherstellung. Deutscher Verlag für Grundstoffindustrie, Stuttgart

Pilkington A (1971) Float: an application of science, analysis and judgement. Glass Technol 12:76–83

Trier W (1984) Glasschmelzöfen. Springer, Berlin

4.1 Einleitung

In Kap. 2 wurden die vielfältigen Einsatzfelder für silicatische Gläser dargestellt und aufgezeigt, dass das Leben in einer Industriegesellschaft ohne den Werkstoff Glas undenkbar ist. In diesem Kapitel soll nun auf ausgesuchte neue Entwicklungsfelder der Glasforschung eingegangen werden. Es wird deutlich werden, dass der traditionelle Werkstoff Glas eine große Zukunft vor sich hat, sei es als Glasfolie, aufwickelbar auf einer Rolle wie eine Kunststofffolie, als extrem hochfestes Glas oder in unzähligen Anwendungen, die unser Leben sicherer, moderner und angenehmer gestalten.

4.2 Dünnstgläser: Glas von der Rolle

Typisches Fensterglas hat eine Dicke von 2–6 mm. Spezialgläser, die in Flachbildschirmen verbaut werden, sind mit einer Dicke von 0,7 mm bereits wesentlich dünner und weniger steif. Kleinere Spezialflachdisplays werden aus 0,5 mm (und weniger) dicken Glassubstraten hergestellt. In diesem Dickenbereich ist Glas unerwartet flexibel (s. Abb. 4.1) und ermöglicht vollständig neue Anwendungen.

© Springer-Verlag GmbH Deutschland,   199
ein Teil von Springer Nature 2020
H. A. Schaeffer und R. Langfeld, *Werkstoff Glas,*
Technik im Fokus, https://doi.org/10.1007/978-3-662-60260-7_4

Abb. 4.1   Flexible Glasfolie. (Bildrechte: SCHOTT AG)

▶ **Kann man Glas um den Finger wickeln?**
Biegt man eine Glasplatte, so induziert man auf der
Innenseite eine Druckspannung, auf der Außenseite
eine Zugspannung (s. Abb. 4.2). Während Glas auch
unter sehr hohen Drücken stabil und fest bleibt, werden ab einer kritischen Zugspannung immer vorhandene Oberflächendefekte durch Kerbwirkung
vergrößert und weiten sich zu Rissen aus – die Scheibe
bricht. Der kritische Radius R der Bruchauslösung hängt
ganz entscheidend vom Biegeradius ab (s. Abb. 4.3).
 Mit einigen vereinfachenden Annahmen kann man
den kritischen Biegeradius abschätzen. In Abb. 4.3
markiert der rot schraffierte Bereich die für typische
Dünnstgläser kritische Zone der Zugspannung, die
zum Bruch führt. Sie zeigt, dass bereits ein 100 µm
dickes Glas einen Biegeradius von 4 cm auf Dauer
unbeschadet übersteht, bei 25 µm Glasdicke wäre es
bereits nur 1 cm! Ein Dünnstglas der Dicke 10 µm lässt
sich nach dieser groben Abschätzung tatsächlich „um
den Finger wickeln"! Man kann solch dünne Glasfolien
wiederholt mit diesen Radien auf- und auch wieder abwickeln, es tritt keine Materialermüdung auf!
Gleichwohl: Unterschreitet man den kritischen Radius
auch nur geringfügig, zerbricht das Glas.

Die Herstellung dieser Dünnstgläser im Bereich 0,03 mm
bis 0,5 mm erfolgt im Down-Draw-Verfahren, für Dicken im

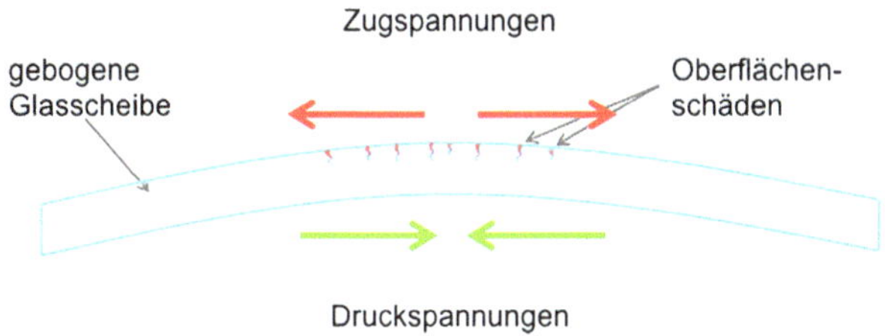

Abb. 4.2 Schema der Entstehung von Zugspannungen an der Oberfläche einer gebogenen Glasplatte

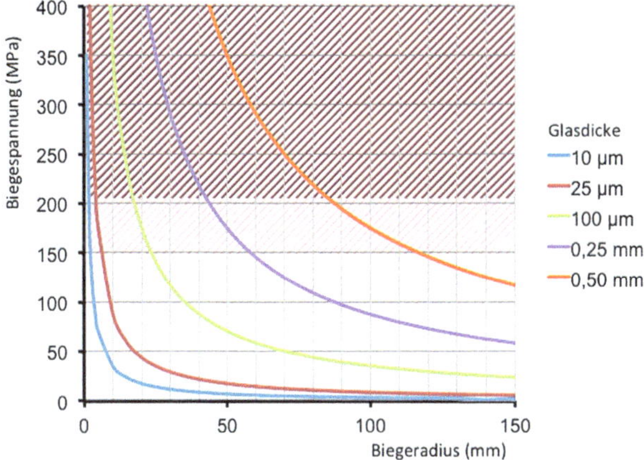

Abb. 4.3 Induzierte Zugspannung in einer Glasoberfläche in Abhängigkeit vom Biegeradius und der Glasdicke

Bereich um 0,5 mm auch im Floatverfahren (vgl. Abschn. 3.4.1). Glasfolien unter 0,03 mm bis herab zu 5 µm (0,005 mm) werden durch Wiederziehen erzeugt. Hierbei wird eine Glasscheibe wieder erwärmt und auf eine dünnere Zieldicke ausgezogen, ähnlich dem Strecken eines Pizza- oder Nudelteiges.

Eine bekannte Anwendung dünnster Glasplättchen ist die Verwendung als Deckgläser für mikroskopische Präparate, jedoch ergibt sich für die modernen Dünnstgläser eine Vielzahl neuer Anwendungen. Denn die biegsamen Gläser können Werkstoffe ersetzen, die zwar flexibel und belastbar sind, aber nicht die physikalischen und chemischen Eigenschaften von Glas besitzen wie etwa Temperaturstabilität, chemische Beständigkeit, Diffusionsresistenz und Schutz vor UV-Strahlung. So schützen Dünnstglas-Scheiben die Solarzellen von Weltraumsatelliten. Hier spielt das Gewicht eine entscheidende Rolle, daher müssen die Abdeckgläser so dünn wie möglich sein. Flexible Glasfolien (s. Abb. 4.1) lassen biegbare oder gar faltbare Displays für Computer und elektronische Lesegeräte in erreichbare Nähe rücken, erste Muster wurden bereits der Öffentlichkeit vorgestellt. Dünnstgläser können auch mit Licht emittierenden Schichten bedruckt werden (sog. OLED, organic light emitting diodes, auf organischen, lichtaussendenden Schichten basierende Lichtquellen), vgl. Abschn. 2.6.5. Dies ermöglicht flexible Lichtquellen oder zukünftig gar die leuchtende Tapete für die Wand im Wohnzimmer.

Glasfolien, die auf Kunststoffscheiben laminiert werden, gestatten es, leichtgewichtige Fenster für Autos und Flugzeuge herzustellen, und verbinden die Gewichtsvorteile des Kunststoffs mit der Oberflächenbeständigkeit des Glases – ein wichtiger Beitrag für die Senkung des Energieverbrauchs im Verkehr.

Wissenschaftler und Ingenieure in den Labors der Glashersteller aber arbeiten schon am nächsten Traum: auf Rollen aufgewickelte nahezu endlose Glasbänder zu produzieren (s. Abb. 4.4)!

Solches Glas von der Rolle ließe sich mit bekannten kostengünstigen Rolle-zu-Rolle-Verfahren wie der Bedruckung beim Zeitungsdruck z. B. zu Solarzellen oder Displays verarbeiten.

Abb. 4.4 Auf eine Rolle aufgewickelte Glasfolie. (Bildrechte: SCHOTT AG)

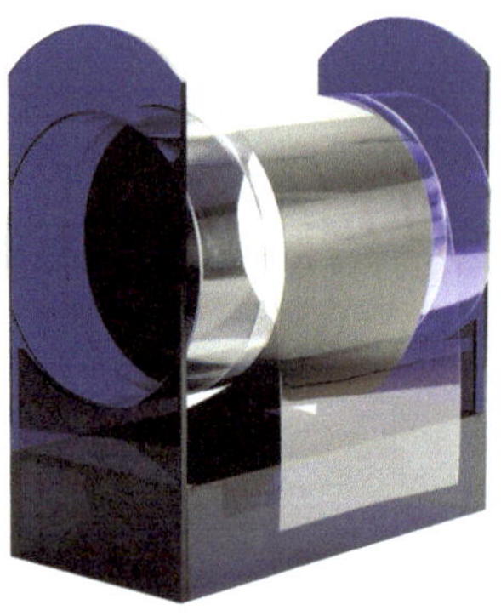

Die fragile Einzelfertigung würde durch eine Technologie abgelöst, die auch hinsichtlich Effizienz, Produktivität und Kosteneinsparung neue Perspektiven eröffnet.

4.3 Hochfestes Glas

„Glück und Glas, wie leicht bricht das!" sagt schon der Volksmund, „zerbrechlich wie Glas" ist zu einer stehenden Redewendung geworden. Welches Gefühl mag da den Besucher des 2007 eröffneten „Skywalk" (engl. für „Himmelspfad", s. Abb. 4.5)

Abb. 4.5 Skywalk-Aussichtsplattform. (Bildrechte: Grand Canyon Resort Corporation)

Abb. 4.6 Blick auf den Glasboden des Skywalk. (Bildrechte: Grand Canyon Resort Corporation)

beschleichen, wenn er über den Schluchten des Grand Canyon steht – auf einer Plattform mit einem Boden ganz aus Glas (s. Abb. 4.6) und mit freiem Blick in die Tiefe!!

Der Skywalk ist eine Touristenattraktion im Reservat der Hualapai-Indianer im Grand Canyon Nationalpark (USA), etwa 200 km östlich von Las Vegas gelegen. Eine 22 m lange, hufeisenförmige Brückenkonstruktion ragt über den Rand des Canyon; auf der Aussichtsplattform blickt der Besucher in das 1200 m tiefe Tal des Colorado-Flusses. Die durch den Glasboden sichtbaren Felsen liegen ca. 200 m tiefer.

Der Boden der Plattform ist mit Glaslaminatplatten aus 5-Scheiben-Spezialglas belegt. Die Brüstungsplatten bestehen aus 2-Scheiben-Sicherheitsglas. Die Konstruktion ist für eine Belastung von 35 t ausgelegt und soll Erdbeben bis Stärke 8 oder Windgeschwindigkeiten bis 160 km/h widerstehen. Die Besucher tragen spezielle Filzschuhe, um ein Verkratzen des Glasbodens zu vermeiden, denn Oberflächenkratzer mindern die Gebrauchsfestigkeit von Glas (vgl. Abschn. 2.4.8.). 2011 wurden die Glaspaneele zum ersten Mal aus Sicherheitsgründen vorsorglich ersetzt. Eine spezielle Schutzschicht auf den Glasplatten soll nun für eine längere Lebensdauer sorgen.

Zwischen der theoretischen Zugfestigkeit – beispielsweise einer Glasfaser von 7 GPa oder der Festigkeit von 1–3 GPa in jungfräulichem Zustand direkt nach der Herstellung – und der praktischen Festigkeit besteht ein Unterschied von weit mehr als einem Faktor 10 (vgl. Abschn. 2.4.8). Diesen zu verringern, ist ein Ziel der aktuellen Glasforschung.

Ein möglicher Ansatz besteht darin, die Glasoberfläche während der Glasherstellung so wenig wie möglich zu schädigen. Das Corning Down-Draw-Verfahren ist hierzu besonders geeignet (vgl. Abschn. 3.4.1), da dort die Oberfläche mit keinerlei Formgebungsmaterial in Berührung kommt, das zu Schädigungen führen könnte. 2012 stellte die Firma Corning das Willow™Glass vor, aktuell das technische Glas mit der höchsten praktischen Festigkeit ohne zusätzliche chemische oder thermische Festigkeitssteigerung. Für die Biegefestigkeit wird 1 GPa angegeben, ein ca. 3-fach höherer Wert als der Stand der derzeitigen Technik.

4.4 Energieeinsparung bei der Glasherstellung

Die Glasherstellung ist ein energieintensiver Fertigungsprozess. Zur Herstellung von 1 kg Glas werden mindestens 1 kWh, je nach Glastyp bis zu 4 kWh an Energie benötigt (vgl. Abschn. 3.3.1). Während die großen Schmelzöfen für Kalknatron-Silicatglas das theoretische Minimum des Energiebedarfs nahezu erreicht haben, richten sich viele Entwicklungsanstrengungen auf die weitere Reduzierung des Energiebedarfs der kleineren Aggregate für Spezialgläser.

Es wäre naheliegend, die Glasschmelzwannen besser thermisch zu isolieren. Allerdings steht man dann vor dem Problem, dass es für die notwendigen Schmelztemperaturen von 1700 °C keine Wannensteine gibt, die diesen Temperaturen lange standhalten. Teile einer Glasschmelzwanne müssen heute sogar mit Wasser oder Luft gekühlt werden, um die mechanische und chemische Beständigkeit der Wannensteine zu gewährleisten, was unvermeidlich mit Wärmeverlusten einhergeht. Das Ziel der Forschung ist deshalb die Entwicklung verschleißfesterer Feuerfestmaterialien als Konstruktionswerkstoff für die Glasherstellung.

Durch verbesserte Brennertechnologien, Wärmerückgewinnung aus dem Abgasstrom (z. B. zur Rohstoffvorwärmung) und verstärkten Einsatz von Sensoren zur Prozesssteuerung wird das bewährte Glasschmelzwannenkonzept weitere Entwicklung erfahren. Aber auch mit radikal neuen Schmelzkonzepten wird weltweit experimentiert.

Mit dem *„submerged combustion melter"* versucht ein Industriekonsortium in den USA seit einigen Jahren, den Wärmeübergang von der Flamme auf die Glasschmelze zu verbessern (vgl. Abschn. 3.3.2). Hier wird das Brenngas am Boden der Wanne eingebracht (submerged (engl.) für „untergetaucht", combustion (engl.) für „Verbrennung" und melter (engl.) für „Schmelzaggregat"), s. Abb. 4.7. Da die Flamme umgeben von Glas brennt, ist der Wärmeübertrag optimal. Nachteilig wirkt sich aus, dass die Abgase in intensivem Kontakt mit dem Glas stehen, was negative, schwer kontrollierbare Auswirkungen auf die Glasqualität hat und die Anwendungen für viele Spezialgläser noch ausschließt.

Ein anderer radikal neuer Ansatz wird in Japan mit dem *„inflight melter"*-Konzept verfolgt, übersetzt etwa „Einschmelzen

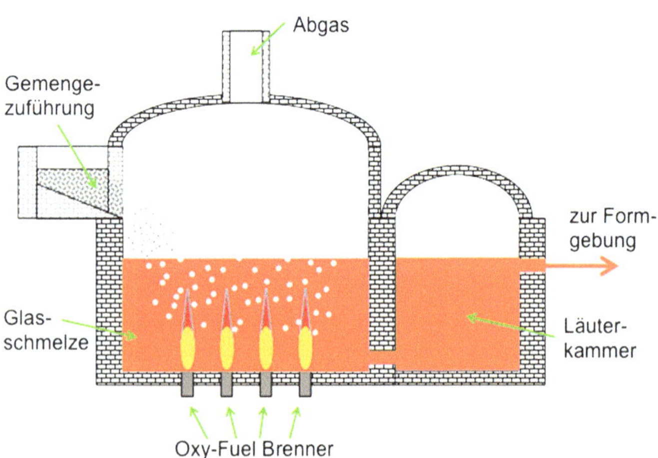

Abb. 4.7 Prinzip des submerged combustion melters

im Fluge". Ein Problem des hohen Energieverbrauchs der heutigen Glasherstellung ist die lange Verweilzeit (viele Stunden) des heißen Glases in einer Glasschmelzwanne (vgl. Abschn. 3.3.1). Diese Zeit ist notwendig, um das Gemenge vollständig aufzuschmelzen. Im inflight melter wird das pulverförmig vorbereitete Gemenge mit den Brenngasen vermischt und beim Durchtritt durch einen speziellen Brenner innerhalb von Sekundenbruchteilen aufgeschmolzen (s. Abb. 4.8).

Die Entwickler berichteten im Jahre 2012 von erfolgreichen Versuchen im Technikumsmaßstab mit einem Glasdurchsatz von 1 t/d. Bislang ist das erschmolzene Glas aber noch sehr stark von Gasblasen durchsetzt und bedarf der intensiven Läuterung (vgl. Abschn. 3.3), was das angestrebte Ziel von 2,9 kWh/kg für das ausgewählte Versuchsglas (Stand der Technik für dieses Spezialglas ist 5,8 kWh/kg) noch in weite Ferne rückt.

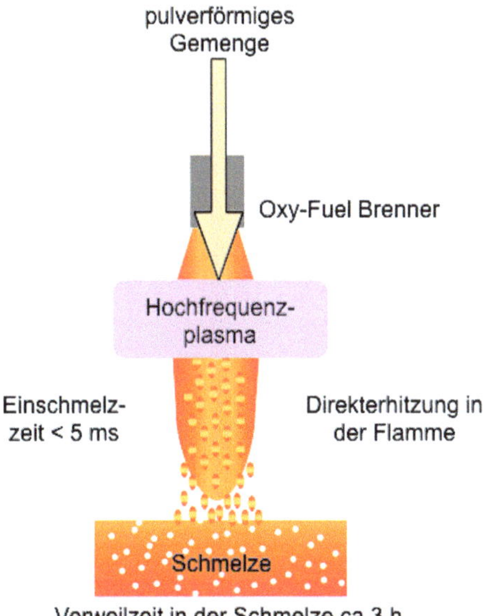

Abb. 4.8 Prinzip des inflight melters

▶ **Wie schnell spart ein Glasfenster die zu seiner Herstellung verwendete Energie wieder ein?**

Bei jedem Produkt, zu dessen Herstellung große Mengen an Energie eingesetzt werden, stellt sich die Frage der **Energiebilanz.** Welchen Nutzen, also welche Energieeinsparung bringt der Einsatz zum Beispiel eines modernen Isolierglasfensters über die Gebrauchsdauer und in welchem Verhältnis steht die zur Produktion aufgewandte Energie? Eine wesentliche zu betrachtende Größe ist die Energie-pay-back-Zeit (pay back: engl. für Rückzahlung).

Diese Energie-pay-back-Zeit zu bestimmen erfordert einigen Aufwand, zu viele Faktoren des Einsatzes von Fenstern spielen dabei eine Rolle. Ein einfaches Rechenbeispiel aber zeigt, in welchem Verhältnis der Energieaufwand für die Glasherstellung eines Fensters zum Heizenergieverbrauch einer Wohnung steht: 1 m^2 einer Verbundglasscheibe aus 2 mal 4 mm dickem Glas wiegt 20 kg. Für eine 100 m^2 große Wohnung setzen wir 25 m^2 Fensterfläche an, dies ergibt 500 kg Glas. Zu seiner Herstellung (nur die Schmelze betrachtend) setzen wir 1,8 kWh/kg Energie an. Somit stehen ca. 900 kWh Energieverbrauch zur Herstellung des Fensterglases einem jährlichen Heizenergieverbrauch von ungefähr 7000 kWh/a gegenüber, wenn wir einen Richtwert von 70 kWh/m^2/a als jährlichen Heizenergiebedarf für eine energetisch sanierte Wohnung ansetzen. Der energetische Nutzen eines Glasfensters ist offensichtlich!

Eng verwandt mit dem Energie-pay-back ist die Frage der CO_2-Bilanz vor dem Hintergrund der Debatte um den Klimawandel, also etwa das Verhältnis des bei der Produktion einer modernen Isolierverglasung freigesetzten CO_2 zur CO_2-Einsparung während der Nutzung.

Die Erstellung einer solchen CO_2-Bilanz ist sehr komplex, da alle Komponenten (Glas, Rahmen, Beschichtung, Transport, Einbau) berücksichtigt werden müssen, und auch das Vergleichssystem (simple Einscheibenverglasung, alte Isolierverglasung) eine wesentliche Rolle spielt.

Als Faustformel kann hier festgehalten werden, dass eine moderne Isolierverglasung in etwa 1–2 Jahren die CO_2-Emissionen ihrer Herstellung wieder eingespart hat – bei bis zu ca. 25 Jahren Nutzungszeit eine sehr positive Bilanz!

4.5   Substitution von Rohstoffen

Auch im Bereich der Glasrohstoffe besteht weiterhin Entwicklungsbedarf. In der Vergangenheit wurden nach und nach giftige bzw. anderweitig z. B. wegen ihrer Radioaktivität bedenkliche Rohstoffe in Gläsern ersetzt. Bis in die Mitte des letzten Jahrhunderts hinein verwendete man beispielsweise Thorium zur Herstellung spezieller optischer Gläser, um besondere Werte für Brechzahl und Dispersion (vgl. Abschn. 2.3.3) zu erreichen. Zu Beginn des 20. Jahrhunderts erzielte man die leuchtend gelborange bzw. braun-schwarze Färbung von Glasdekoren noch durch die Zugabe von Uran. Durch seine starke Fluoreszenz und seinen **Dichroismus** war Uran in Form von UO_2^{2+} (Uranyl) auch ein begehrter Zusatz für gelb-grünes Schmuck- und Gebrauchsglas. Das Blei wurde in den letzten 20 Jahren aus allen optischen Gläser verbannt. Für das sogenannte Kristallglas für hochwertige Trinkgläser gibt es mittlerweile bleifreie Alternativen, und auch die *Läuterungsmittel* (vgl. Abschn. 3.2) Arsen- und Antimonoxid, obwohl nur in Spuren im Glas enthalten, chemisch fest mit diesem verbunden und somit für den Menschen unbedenklich, wurden ersetzt. Displaygläser sind heutzutage „grün" und enthalten keine Schwermetalle mehr, auch Glaskeramik kann in einer „Eco"-Variante ohne Schwermetalle hergestellt werden.

Ein wichtiges aktuelles Forschungsthema in der Glaswelt ist der Ersatz von Seltenerdmetallen. Hierzu zählen die Elemente Scandium, Yttrium und Lanthan der 3. Nebengruppe des Periodensystems sowie die auf das Lanthan in steigender Ordnungszahl folgenden Lanthanoiden Cer bis Lutetium. Die

Seltenerdmetalle sind hinsichtlich ihrer Häufigkeit des Vorkommens auf der Erde zwar nicht wirklich selten, ihr Abbau konzentriert sich aber auf wenige Länder weltweit (insbesondere auf die Volksrepublik China) und ist mit erheblichen Umweltbelastungen verbunden, sodass ihr Marktpreis in den letzten Jahren erheblich angestiegen ist.

Bei der Spezialglasherstellung spielen von den Seltenerdmetallen im Wesentlichen Cer als Schleifmittel, Lanthan als Glasbestandteil zur Erzielung eines hohen Brechwertes in optischen Gläsern sowie Neodym, Erbium, Yttrium und einige andere als Dotierstoffe für optisch aktive Gläser eine Rolle. Sie durch besser verfügbare Materialien zu ersetzen, ist ein weltweites Ziel der Materialentwicklung.

4.6   Metallische Gläser

Metalle und Metalllegierungen wie Eisen, Stahl, Kupfer, Messing oder Gold liegen durchweg als polykristallines Material vor. Beim Erstarren aus der Schmelze kristallisiert das Metall in ungeordneter Form, d. h., es bildet winzige kristalline Bezirke (Kristallite), deren Ausrichtung zueinander willkürlich ist. Die gemeinsamen Grenzflächen dieser Kristallite werden als Korngrenzen bezeichnet. Sie sind besonders anfällig für einen chemischen Angriff und bestimmen das Korrosionsverhalten. Das polykristalline Gefüge bestimmt auch viele Gebrauchseigenschaften der Metalle wie ihre Umform- und Bearbeitbarkeit durch Schmieden, den Kristallisationsschrumpf beim Gießen von Werkstücken und ihr Versagensverhalten bei großer Belastung: Übliche Metalle sind duktil, sie dehnen sich unter Last zunächst elastisch, dann plastisch, bevor sie brechen. Dieses Verhalten ist grundsätzlich unterschiedlich zum spröd-elastischen Bruchverhalten von Gläsern.

Grundsätzlich sollte sich jede Schmelze, wenn man sie nur rasch genug abkühlt, in einen amorphen Festkörper verwandeln lassen. In Abschn. 1.3 wurde gezeigt, dass für silicatische Gläser bereits eine Abkühlung um 0,1 K/s ausreicht, um durch Erhöhung der Zähigkeit ein Umordnen der Atome zu Kristalliten zu unterdrücken und den ungeordneten Zustand in der Flüssigkeit als Glaszustand ohne Fernordnung der Atome im Festkörper zu erreichen (s. Abb. 4.9).

Das technische Problem der Herstellung *metallischer Gläser* liegt an der dafür notwendigen, sehr hohen Abkühlrate, um die in der Schmelze äußerst beweglichen Metallatome an der Umordnung zu Kristalliten zu hindern. Anfang der 60er-Jahre des letzten Jahrhunderts gelang es erstmals, eine Legierung aus Gold und Silizium (im Verhältnis 3: 1) durch extrem rasche Abkühlung um 10^6 K/s von der Schmelztemperatur von 500 °C in einen amorphen Festkörper, ein metallisches Glas, bei Raumtemperatur zu überführen.

Die erforderlichen hohen Abkühlraten lassen sich nur für sehr dünne Metallfilme erreichen, denn die Wärmeleitung des Materials begrenzt den Abfluss aus dem Probeninneren. Metallische Gläser waren deshalb bezüglich ihrer Probendicken auf Bruchteile eines Millimeters beschränkt. Legierungen mit weichmagnetischen Eigenschaften fanden erste Anwendungen als verlustarme Transformatorenbleche oder als kleine Metallfilmstreifen zum Zwecke des Diebstahlschutzes in Preisetiketten.

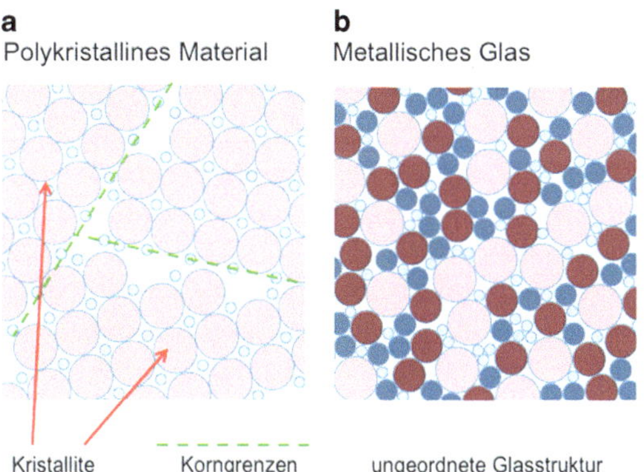

Abb. 4.9 Polykristalline Struktur (**a**) einer Metalllegierung, amorphe Struktur eines metallischen Glases (**b**)

▸ Metallische Gläser verhindern Ladendiebstähle

Ein sehr zuverlässiges System zur Entdeckung von Ladendiebstählen beruht auf einer besonderen Eigenschaft magnetischer Werkstoffe, der Magnetostriktion. Damit bezeichnet man den Effekt, dass ein Magnet während der Ummagnetisierung in einem äußeren Magnetfeld eine winzige mechanische Längenänderung erfährt. Dieser Effekt ist für ein metallisches Glas aus ca. 75–85 % Eisen, Nickel und Kobalt und 15–5 % Silizium und Bor besonders ausgeprägt. Ein solches metallisches Glas wird zusammen mit einem speziell magnetisierten Metallstreifen in eine kleine Kunststoffbox von ca. 40 mm Länge, 10 mm Breite und 1 mm Höhe integriert. Am Ladenausgang erzeugen Antennen ein gepulstes Magnetfeld mit einer bestimmten Frequenz, das den Streifen aus metallischem Glas zu mechanischen Schwingungen anregt. Die Größe des Streifens und die Anregungsfrequenz sind so aufeinander abgestimmt, dass die Amplitude dieser Schwingung besonders groß ist (Resonanz). In den Pulspausen schwingt der Metallstreifen noch etwas nach und sendet ein schwaches Signal aus, das mit der gleichen Antenne aufgefangen werden kann, der Diebstahl wird somit entdeckt. An der Kasse werden die Streifen „entschärft", indem durch ein starkes Magnetfeld der speziell magnetisierte zweite Magnetstreifen in der kleinen Box entmagnetisiert wird. Dadurch ändert sich die Resonanzfrequenz des metallischen Glasstreifens, und er reagiert nicht mehr auf den Detektor am Ladenausgang. Konnten diese Streifen früher noch durch einfaches Knicken zerstört werden, ist dies bei den Systemen mit metallischen Gläsern nicht mehr möglich.

In den letzten Jahren gelang es, Metalllegierungen herzustellen, die bereits bei geringeren Abkühlraten von 1 bis 100 K/s ohne

Kristallisation amorph erstarren. Der trickreiche Ansatz, mehrere Metalle mit sehr unterschiedlichen Atomradien zu mischen, führte zum Erfolg (s. Abb. 4.9). Die zugehörigen Kristallstrukturen sind sehr komplex. Während der Abkühlphase reichen die Beweglichkeiten der Atome nicht mehr aus, diese Strukturen einzunehmen, die Kristallisation wird behindert. Damit gelang erstmals die Herstellung auch einiger Zentimeter dicker metallischer Gläser, die als *bulk metallic glasses* (zu dt. etwa „massive metallische Gläser") aktuell einen Gegenstand intensiver Forschung darstellen. Übliche Legierungen bestehen aus Zirkon mit Zusätzen von Kupfer, Aluminium, Nickel, Beryllium und Titan oder aus Palladium mit Zusätzen von Kupfer, Nickel und Phosphor. Die Rolle des Phosphors als Nichtmetall wird auch bei den metallischen Gläsern als die eines Glasbildners bezeichnet.

Massive metallische Gläser lassen sich bzgl. ihres Aussehens und ihrer elektrischen Eigenschaften nicht von polykristallinen Partnern unterscheiden, zeigen aber zusätzlich einige überraschende Eigenschaften: Ihre Zugfestigkeit ist 2- bis 3-mal höher als die ihrer polykristallinen Gegenstücke, ihre Elastizität und damit ihre Fähigkeit, mechanische Energie zu speichern, ist höher. Sie sind chemisch stabiler gegen Korrosion, sind härter, abriebfester und besser polierbar. Da beim Erstarren ihre ungeordnete Struktur erhalten bleibt, zeigen sie keinen Schrumpf und erlauben das Abformen von mikrometergroßen Strukturen durch Gießen in eine entsprechende Form.

Metallische Gläser wären damit das geeignete Material für eine Vielzahl von Anwendungen in der Mikromechanik, für mechanisch hoch belastete Bauteile in Maschinen und vieles mehr. Allerdings müssen in den komplexen Legierungen noch hohe Anteile sehr teurer Metalle wie Palladium eingesetzt werden, was den Einsatz von massiven metallischen Gläsern heute noch auf Nischen wie etwa Hightech-Golfschläger begrenzt. Die Forschung konzentriert sich deshalb auf das tiefere Verständnis des Mechanismus der Behinderung der Kristallisation, um zukünftig kostengünstigere Legierungen zu entwickeln. Und auch das klassische Silicatglas würde von diesen Ergebnissen profitieren, um die Produktion von sehr kristallisationsanfälligen Spezialgläsern zu verbessern.

4.7   Ausblick

In einer Vielzahl weiterer Anwendungsfelder zeigt der Werkstoff Glas sein Potenzial:

Wundauflagen aus Glasfasern helfen, schwer heilende Wunden besser zu behandeln. Fasergewebe aus Natriumsilicatglas deckt die Wunde steril ab und beschleunigt das Hautzellwachstum. Nach einiger Zeit lösen sich die Fasern in der Körperflüssigkeit auf, eine nachträgliche Entfernung der Wundauflage mit dem Risiko erneuter Infektion oder Verletzung entfällt. Zukünftig können diese Fasern z. B. auch mit Antibiotika dotiert werden, um ihre Funktionalität zu erhöhen.

Bioglass™, ein Calcium-Phosphor-Silicatglas, chemisch der Zusammensetzung menschlicher Knochen sehr ähnlich, dient als Implantat zur Rekonstruktion bei Knochenverletzungen. Das Glas regt das Wachstum der Knochenzellen an und wird als *bioaktiv* bezeichnet.

Wasserlösliche Gläser wie alkalihaltige Phosphatgläser lassen sich mit Spurenelementen dotieren, die bei der Auflösung des Glases freigesetzt werden. Derartige Gläser finden u. a. Anwendung als Pillen für Kühe und Schafe, die unter einem Mangel an Mineralstoffen (etwa Selen und Jod) leiden. Sehr erfolgreich werden lösliche Gläser, die mit Kupfer oder Silber dotiert sind, bei der Bekämpfung der Bilharziose in den Tropen eingesetzt; die abgegebenen Metalle töten die Parasiten in den Wasserreservoiren.

Brennstoffzellen erzeugen aus Wasserstoff und Sauerstoff elektrische Energie und bieten eine aussichtsreiche Perspektive für die elektrische Mobilität von Fahrzeugen der Zukunft. Glaslote helfen, die Hochtemperatur-Brennstoffzellen sicher zu verschließen. Ionenleitende Membranen aus Spezialglas und

Spezialglaskeramik sind unverzichtbarer Bestandteil der Zellen und somit Gegenstand der aktuellen Forschung.

3072 Glasblöcke aus einem mit Neodym dotierten Phosphatglas, jeder Block 43 kg schwer und $3{,}4 \times 46 \times 81$ cm^3 groß, sind das Herzstück des leistungsfähigsten Lasers der Welt (s. Abb. 4.10). In der National Ignition Facility (NIF) des Lawrence Livermore National Laboratory in Kalifornien (USA) sollen 192 Laserstrahlen mit einer Gesamtleistung von 500 TW und einer Energie von 1 MJ eine winzige Kugel von 2 mm Durchmesser, das Target, mit einem Laserschuss auf über 100 Mio. °C aufheizen.

Das Target aus gefrorenem schweren Wasserstoff (Deuterium) und dem Wasserstoff-**Isotop** Tritium wird dabei auf eine Dichte komprimiert, die der 100-fachen Dichte von Blei entspricht. Unter diesen Bedingungen soll die Trägheitsfusion, d. h. das Verschmelzen der Targetatome und damit eine immense Energiefreisetzung erfolgen. Die Experimente dienen der Erforschung der sog. Laserfusion, um eines Tages eine nahezu unerschöpfliche Energiequelle für die Menschheit in Form eines Fusionsreaktors zu erschließen.

In einem konkurrierenden Fusionsforschungsansatz versucht man, die notwendige Energie zur Erreichung der Kernverschmelzung durch elektrische Aufheizung eines Plasmas zu erreichen. Auch in diesem Fusionskonzept spielt Glas eine Rolle: Atome des Lithiumisotops ^{6}Li sollen in Form von Lithium-Orthosilicat (Li_4SiO_4)-Kügelchen in der Wandung des Fusionsreaktors durch Einfang der freiwerdenden Neutronen Tritium als Fusionsbrennstoff erzeugen.

Alle diese Beispiele zeigen, dass der altbekannte, traditionelle Werkstoff Glas nach wie vor Gegenstand hochaktueller Entwicklungen ist. Glas ist ein Schlüsselwerkstoff zur Lösung der Herausforderungen des Lebens im 21. Jahrhundert, und die weitere Verbesserung der Energieeffizienz der Glasherstellung sowie der Ersatz wertvoller Rohstoffe werden dazu beitragen, dass auch in Zukunft Glas aus unserem Alltag nicht mehr wegzudenken ist.

Abb. 4.10 Blick auf eine der zwei Laseranlagen des NIF mit je 2-mal 48 Laserlinien. (Bildrechte: Lawrence Livermore National Laboratory)

Weiterführende Literatur

Wondraczek L et al (2011) Towards Ultrastrong Glasses. Adv Mater 23:4578–4586
Strength in Glass (GMIC). http://www.gmic.org/Strength%20In%20Glass.html
Grand Canyon Skywalk. http://www.grandcanyonskywalk.com
Hualapai Tourism (Skywalk). http://www.hualapaitourism.com
National Ignition Facility am LLNL. https://lasers.llnl.gov
Metallische Gläser. http://www.weltderphysik.de/gebiete/stoffe/metalle/metallische-glaeser/
Magnetismus gegen flinke Finger, Physik Journal 2 (2003), Nr. 6

5.1 Verbände und Organisationen

Der *Bundesverband Glasindustrie e. V. (BV Glas)* ist der Industrieverband der deutschen Glasindustrie. Er repräsentiert rund 80 % der Glas herstellenden Unternehmen in Deutschland und vertritt deren umwelt-, wirtschafts- und energiepolitische Interessen: http://www.bvglas.de/.

Die *Hüttentechnische Vereinigung der Deutschen Glasindustrie e. V. (HVG)* ist eine gemeinnützige technisch-wissenschaftliche Vereinigung der deutschen Glasindustrie mit derzeit 34 Mitgliedsunternehmen und 38 angeschlossenen Zweigwerken und Tochterunternehmen. Der Zweck des Vereins ist die Förderung von Wissenschaft, Umweltschutz und Forschung auf dem Gebiet des Werkstoffes Glas sowie der damit verwandten Werkstoffe: http://www.hvg-dgg.de/home/hvg.html.

Die *Deutsche Glastechnische Gesellschaft e. V. (DGG)* ist als Organisation offen für alle Personen, die sich mit unterschiedlichen glastechnischen Problemen befassen. Sie fördert den Wissensstand ihrer Mitglieder auf dem Fachgebiet Glas sowie deren persönliche Kontakte untereinander: http://www.hvg-dgg.de/home/dgg.html.

HVG und DGG betreiben eine gemeinsame Geschäftsstelle und haben einen gemeinsamen Internetauftritt: http://www.hvg-dgg.de/home.html.

© Springer-Verlag GmbH Deutschland,
ein Teil von Springer Nature 2020
H. A. Schaeffer und R. Langfeld, *Werkstoff Glas,*
Technik im Fokus, https://doi.org/10.1007/978-3-662-60260-7_5

Die *International Commission on Glass (ICG)* ist die Vertretung von derzeit 33 nationalen Glasgesellschaften. Als internationale gemeinnützige Organisation wurde sie 1933 gegründet mit dem Auftrag, die wissenschaftliche und technische Zusammenarbeit auf dem Gebiet des Glases weltweit durch z. B. gemeinsame technische Komitees, Publikationen und regelmäßig stattfindende Glaskongresse zu fördern: http://www.icglass.org/

5.2   Deutsche Universitäten und Institute mit Glasbezug

RWTH Aachen, Institut für Gesteinshüttenkunde,
Lehrstuhl für Werkstoff- und Prozesstechnik - Glas und Verbund-
    werkstoffe Prof. Dr. rer. nat. Christian Roos
http://www.ghi.rwth-aachen.de/www/

Universität Bayreuth, Lehrstuhl für Werkstoffverarbeitung
Prof. Dr. Christina Roth
http://www.lswv.uni-bayreuth.de/de/index.html

Technische Universität Clausthal, Institut für Nichtmetallische Werkstoffe
    Werkstoffe
Prof. Dr.-Ing. Joachim Deubener
http://www.naw.tu-clausthal.de/abteilungen/glas-und-glastechno-
    logie

Friedrich-Alexander-Universität Erlangen-Nürnberg, Dept. Werk-
    stoffwissenschaften,
Lehrstuhl für Glas und Keramik
Prof. Dr. rer. nat. Peter Greil
http://www.glass-ceramics.uni-erlangen.de/

Institute of Glass and Ceramics
Department of Materials Science and Engineering
Prof. Dr. Dominique de Ligny
https://www.glass-ceramics.tf.fau.de/person/de-ligny/

TU Bergakademie Freiberg, Institut für Keramik, Glas und Bau-
    stofftechnik
Professur für Glas- und Emailtechnik
Dr. Martin Kilo (in Vertretung)
https://tu-freiberg.de/fakult4/ikgb/glas

Martin-Luther-Universität Halle-Wittenberg, Institut für Physik,
Fachgruppe anorganisch-nichtmetallische Materialien
Prof. Dr.-Ing. Hans Roggendorf
http://www.physik.uni-halle.de/fachgruppen/anm/

TU Ilmenau, Institut für Mikro- und Nanotechnologien,
Fachgebiet Anorganisch-nichtmetallische Werkstoffe
Prof. Dr.-Ing. Edda Rädlein
http://www.tu-ilmenau.de/anw/

Friedrich Schiller Universität, Jena, Otto-Schott-Institut für
    Materialforschung
Prof. Dr.-Ing. Lothar Wondraczek
http://www.osim.uni-jena.de/OSIM.html

Fraunhofer-Institut für Silicatforschung, Würzburg und
Lehrstuhl „Chemische Technologie der Materialsynthese"
Prof. Dr. Gerhard Sextl
http://www.isc.fraunhofer.de/
http://www.matsyn.uni-wuerzburg.de/startseite4/

5.3   Ausgewählte Museen rund ums Glas

Der Fachausschuss V – Glasgeschichte und Glasgestaltung in
der Deutschen Glastechnischen Gesellschaft DGG – unterhält
ein Verzeichnis der Museen in Deutschland mit nennenswerten
Beständen an Hohlglas, Flachglas und Glaskunst von der Antike
bis zur Gegenwart. Der Link http://www.hvg-dgg.de/museen.
html ist ein guter Ausgangspunkt für virtuelle glasspezifische
Museumsexkursionen.

Das *Corning Museum of Glass* in Corning (NY, USA) ist ein international herausragendes Museum zum Thema Glas: http://www.cmog.org/.

5.4   Wissenswertes zum Thema Glas

Das *International Materials Institute (IMI) for New Functionality in Glass,* http://www.lehigh.edu/imi/, pflegt unter dem Stichwort „Learning Library" eine sehr umfangreiche Sammlung von Videos und Präsentationen zu glasspezifischen Vorlesungen (in Englisch). Sehr bekannt ist IMI für seine internationalen online-Glasvorlesungen, gehalten von renommierten Glaswissenschaftlern aus aller Welt.

5.5   Glossar

Die folgenden Glossarbegriffe sind beim ersten Auftreten im Text fett gedruckt.

Achromat Achromat bezeichnet ein optisches System (Fernrohr, Mikroskop, Fotoobjektiv), dessen Farbfehler für zwei Wellenlängen (z. B. Rot und Grün) durch geeignete Wahl der optischen Gläser beseitigt werden.

amorph die Eigenschaft eines Materials, auf atomarer Ebene keine regelmäßige Struktur zu besitzen.

Bergkristall eine sehr reine, transparente Form des Quarzes, der natürlich vorkommenden kristallinen, teilweise einkristallinen Form des SiO_2.

dB, Dezibel Maßeinheit für das Verhältnis zweier Intensitäten I_1 und I_2, wobei das Verhältnis zu $10 \times \log_{10}(I_2/I_1)$ in der Einheit dB angegeben wird.

Dichroismus bezeichnet die Eigenschaft einiger optischer Materialien, in Abhängigkeit von der Strahlrichtung oder der Schwingungsrichtung des einfallenden Lichtes verschiedenfarbig zu erscheinen; der Dichroismus wird durch eine Anisotropie des Materials (z. B. bei Kristallen) hervorgerufen.

dielektrische Verluste energetische Verluste in einem Material unter der Einwirkung von elektrischen Wechselfeldern.

Duktilität, duktil Eigenschaft eines Werkstoffes, sich unter mechanischer Belastung zunächst zu verformen, bevor es zu einem mechanischen Versagen kommt.

Elektrolumineszenz Lichtemission eines Festkörpers durch Anlegen eines elektrischen Feldes. Dabei gehen Elektronen in angeregte Zustände über und emittieren Licht beim Zurückfallen in den Ausgangszustand (Grundzustand). Elektrolumineszenz wird an Halbleitern beobachtet.

Energiebilanz Erfassung der gesamten Energie, die zur Herstellung und zum Vertrieb eines Produktes, von der Gewinnung jedes einzelnen Rohstoffes über alle Teilschritte der Fertigung bis zum Transport an den Kunden anfallen. Wird oft auch einer möglichen Energieeinsparung während des Gebrauchs des Produktes über seine gesamte Nutzungszeit gegenübergestellt.

Entmischung Unter Entmischung versteht man die Trennung einer homogenen Mischphase in mehrere heterogene Phasen – vergleichbar der Trennung von Öl in einer wässrigen Lösung, die zu einer Emulsion von Öltröpfchen in Wasser führt.

Farbfehler Optische Linsen weisen für Lichtstrahlen verschiedener Wellenlänge (Farben) leicht unterschiedliche Brennweiten auf. In optischen Instrumenten führt dies zu Abbildungen mit farbigen Rändern, sog. Farbsäumen. Diese Erscheinung wird als Farbfehler oder chromatische Aberration bezeichnet.

Fluoreszenz bezeichnet die spontane Emission von Licht während der Bestrahlung von Materie mit Licht, wobei die Energie (Frequenz) des eingestrahlten Lichtes stets höher als die des emittierten Fluoreszenzlichtes ist.

Isotop Atomkerne eines Elementes, die eine gleiche Anzahl an Protonen, aber unterschiedliche Anzahl an Neutronen aufweisen, werden als Isotope des jeweiligen Elementes bezeichnet.

Kation positiv geladenes Atom.

Nullausdehnung, thermische bezeichnet die bei bestimmten Werkstoffen beobachtete Eigenschaft, ihre Ausdehnung in einem bestimmten Temperaturbereich nicht oder nur in einem geringfügigen Maße ($< 10^{-8}$ 1/K) zu verändern.

Nullpunktdepression ein systematischer Fehler, der bei der Temperaturmessung mittels Flüssigkeitsthermometer auftreten kann – er wird durch eine verzögerte Längenausdehnung der Thermometerkapillare nach Temperaturschwankungen hervorgerufen.

röntgenamorph Kristalline Materialien zeigen in der Röntgenstrukturanalyse spezifische Intensitätsmaxima bedingt durch Interferenz der Röntgenstrahlung an der geordneten Atomstruktur im Kristallgitter. Materialien mit nicht erkennbarer Struktur im Röntgenrückstreuspektrum aufgrund fehlender Fernordnung der Atome werden als röntgenamorph bezeichnet.

Röntgenstrukturanalyse Die Röntgenstrukturanalyse nutzt die Röntgenstrahlung im Bereich einiger keV zur Analyse der Struktur fester Materie. Mit Röntgenstrahlen bezeichnet man elektromagnetische Strahlung einer Wellenlänge von 0,1 bis 1 nm. Röntgenstrahlung wird beim Durchgang durch Materie nur wenig absorbiert, aber von den Atomen reflektiert. Durch Überlagerung dieser reflektierten Strahlen kommt es zur Interferenz, es bilden sich charakteristische Minima und Maxima der reflektierten Strahlung unter bestimmten Winkeln. Eine Auswertung dieser Reflexe ermöglicht eine Bestimmung der atomaren Abstände in der Probe.

Tscherenkow-Effekt Er tritt dann auf, wenn die Geschwindigkeit eines geladenen Teilchens in einem durchsichtigen Medium (mit Brechungsindex n) größer ist als die Lichtgeschwindigkeit in diesem Medium. Der Effekt ist das Analogon zum Überschall-Effekt – ein Flugkörper bewegt sich dann mit einer Geschwindigkeit, die über der Schallgeschwindigkeit liegt.

Viskosität Sie charakterisiert den Widerstand, den eine Flüssigkeit einer äußeren Verformungskraft entgegensetzt. Man bezeichnet die Viskosität auch als Zähigkeit oder innere Reibung einer Flüssigkeit. Eine ideale Flüssigkeit (auch Newton'sche Flüssigkeit genannt) gehorcht dem Newton'schen Gesetz, nachdem ein linearer Zusammenhang zwischen Verformungskraft und Verformungsgeschwindigkeit besteht. Bei den höheren Temperaturen der Glasschmelze folgen auch Gläser diesem Gesetz.

Visko-Elastizität, visko-elastisch, Die Viskosität hängt sehr stark von der Temperatur der Flüssigkeit oder der Glasschmelze ab. Beim Abkühlen der Glasschmelze nimmt ihre Viskosität sehr stark zu, um sich unterhalb der Transformationstemperatur (Einfrierbereich) in ein festes, spröd-elastisches Material umzuwandeln. Dieser neue Zustand wird nicht mehr mittels der Viskosität, sondern durch den Elastizitätsmodul des abgekühlten Glases charakterisiert. In einem Temperaturbereich oberhalb des Transformationspunktes zeigt die Glasschmelze ein visko-elastisches Verhalten. Bei zeitlich langsam einwirkenden Verformungen verhält sie sich dann wie eine Flüssigkeit, bei schnellen Verformungen dagegen wie ein elastischer Festkörper.

Werkstoff Der Begriff bezieht sich auf ein Material, das in seinen physikalischen und chemischen Eigenschaften gut definiert und weitgehend wissenschaftlich untersucht ist, um ingenieurmäßig gezielt für einen Anwendungszweck eingesetzt zu werden. Damit grenzt sich der Werkstoff vom „Rohstoff" (z. B. Sand, Stein) ab. Insbesondere bedingt durch den angelsächsischen

Einfluss – Werkstoffwissenschaften werden als „Materials Science" bezeichnet – verwendet man heute die Begriffe Werkstoff und Material synonym.

Wertigkeit, Wertigkeitsstufen Einige Elemente können ihre Elektronen besonders leicht abgeben und sich somit positiv aufladen (sog. polyvalente Elemente). Je nach der Anzahl der abgegebenen Elektronen spricht man von unterschiedlichen Wertigkeitsstufen der entstehenden positiv geladenen Atome (Kationen). Sie äußern sich besonders ausgeprägt bei der Absorption von Licht. So tritt das Element Eisen (Fe) beispielsweise als zweiwertiges (Fe^{2+}) und als dreiwertiges (Fe^{3+}) Kation auf. Das zweiwertige färbt eine wässrige Lösung blau, das dreiwertige dagegen gelb. Glasschmelzen verhalten sich gegenüber polyvalenten Ionen ähnlich wie wässrige Lösungen und zeigen deren typische Färbungen.

A

Abbe-Zahl, 72
Aberration
    chromatische, 70
Aktiv-Matrix-LCD-Bildschirm,
    119
Alkalicarbonat, 152
asphärische Linsen, 77
Ätzen, 50
Ausdehnung
    thermische, 50

B

Beständigkeit
    hydrolytische, 49
Bildleiter, 80
bioaktives Glas, 143
biogenes Glas, 188
Blas-Blas-Verfahren, 176
Bleisilicatglas, 37, 38, 55, 137
Borosilicatglas, 11, 37, 38, 52, 54,
    55, 108, 115
Brandschutzglas, 108
Braunsche Röhre, 110
Brechzahl, 70, 71, 190
bulk metallic glasses, 213

C

Chalkogenidglas, 39, 148
chemisches Vorspannen, 103
chromatische Aberration, 70, 223
Corning Down-Draw-Verfahren,
    171
CVD-Verfahren, 188

D

Danner-Verfahren, 182
Dispersion, 70, 72, 74
Dosimeterglas, 138
Dünnstglas, 200
Durchschlagsfestigkeit, 114
Düsenblasverfahren, 186
Düsenziehverfahren, 185

E

Effektlack, 144
Einscheibensicherheitsglas, 102
Einschmelzglas, 115
elektrische Leitfähigkeit, 111
elektrochromer Effekt, 95
Elektrodenglas, 58
Elektroschmelze, 111, 161
Emaillieren, 117
Energiebedarf, 158
Entfärbungsmittel, 44
Erdalkalioxid, 152
Euplectella aspergillum, 196

F

Farbkation, 40
Fernordnung, 21, 211
Flachglas, 100, 102, 103
Flammenhydrolyse (CVD), 188
Flintglas, 9, 72
Floatverfahren, 166
Flüssig-Flüssig-Entmischung, 25
Formiergas, 168
Fraunhofer, Joseph von, 9
Funktionsglas, 85

© Springer-Verlag GmbH Deutschland,
ein Teil von Springer Nature 2020
H. A. Schaeffer und R. Langfeld, *Werkstoff Glas,*
Technik im Fokus, https://doi.org/10.1007/978-3-662-60260-7